战略前沿新技术
——太赫兹出版工程

丛书总主编／曹俊诚

上海出版资金项目
Shanghai Publishing Funds

范文慧／编著

宽频带太赫兹波谱技术及其应用

Broadband Terahertz Spectroscopy and Application

华东理工大学出版社
EAST CHINA UNIVERSITY OF SCIENCE AND TECHNOLOGY PRESS

·上海·

图书在版编目(CIP)数据

宽频带太赫兹波谱技术及其应用 / 范文慧编著. —
上海:华东理工大学出版社,2020.10
战略前沿新技术:太赫兹出版工程 / 曹俊诚总主编
ISBN 978-7-5628-6094-5

Ⅰ. ①宽⋯ Ⅱ. ①范⋯ Ⅲ. ①电磁辐射-研究 Ⅳ.
①O441.4

中国版本图书馆 CIP 数据核字(2020)第 176208 号

内 容 提 要

本书以典型物质材料在太赫兹频段的特征波谱测试关键技术、振动和转动特征跃迁量化计算主要方法以及典型应用为主线展开,全书共九章。具体内容包括太赫兹波谱技术,太赫兹波谱分析与量化计算,丙氨酸、苯丙氨酸和酪氨酸的太赫兹特征波谱,胞嘧啶和胸腺嘧啶太赫兹波谱分析,固相果糖和葡萄糖的太赫兹波谱研究,苯二酚、烟酸及其同分异构体的太赫兹波谱研究,苯甲酸、水杨酸及其分子结构相似物质的太赫兹波谱研究,苯甲酸和苯甲酸钠以及互为同分异构体的葡萄糖和果糖水溶液的液相太赫兹频段特征吸收谱,太赫兹特征波谱技术应用前景与面临的挑战。

本书适用于从事太赫兹波谱测试与分析技术、量化计算模拟、物质辨识、材料鉴别、化学化工、生物医学等领域研究工作的工程技术人员,以及科研院所和大中专高校相关专业的学生和科研人员。

项目统筹 / 马夫娇 韩 婷
责任编辑 / 马夫娇 陈婉毓
装帧设计 / 陈 楠
出版发行 / 华东理工大学出版社有限公司
　　　　　　地址:上海市梅陇路 130 号,200237
　　　　　　电话:021-64250306
　　　　　　网址:www.ecustpress.cn
　　　　　　邮箱:zongbianban@ecustpress.cn
印　　　刷 / 上海雅昌艺术印刷有限公司
开　　　本 / 710mm×1000mm　1/16
印　　　张 / 16.25
字　　　数 / 245 千字
版　　　次 / 2020 年 10 月第 1 版
印　　　次 / 2020 年 10 月第 1 次
定　　　价 / 278.00 元

战略前沿新技术——太赫兹出版工程

丛书编委会

太赫兹是频率在红外光与毫米波之间、尚有待全面深入研究与开发的电磁波段。沿用红外光和毫米波领域已有的技术,太赫兹频段电磁波的研究已获得较快发展。不过,现有的技术大多处于红外光或毫米波区域的末端,实现的过程相当困难。随着半导体、激光和能带工程的发展,人们开始寻找研究太赫兹频段电磁波的独特技术,掀起了太赫兹研究的热潮。美国、日本和欧洲等国家和地区已将太赫兹技术列为重点发展领域,资助了一系列重大研究计划。尽管如此,在太赫兹频段,仍然有许多瓶颈需要突破。

作为信息传输中的一种可用载波,太赫兹是未来超宽带无线通信应用的首选频段,其频带资源具有重要的战略意义。掌握太赫兹的关键核心技术,有利于我国抢占该频段的频带资源,形成自主可控的系统,并在未来6G和空-天-地-海一体化体系中发挥重要作用。此外,太赫兹成像的分辨率比毫米波更高,利用其良好的穿透性有望在安检成像和生物医学诊断等方面获得重大突破。总之,太赫兹频段的有效利用,将极大地促进我国信息技术、国防安全和人类健康等领域的发展。

目前,国内外对太赫兹频段的基础研究主要集中在高效辐射的产生、高灵敏度探测方法、功能性材料和器件等方面,应用研究则集中于安检成像、无线通信、生物效应、生物医学成像及光谱数据库建立等。总体说来,太赫兹技术是我国与世界发达国家差距相对较小的一个领域,某些方面我国还处于领先地位。因此,进一步发展太赫兹技术,掌握领先的关键核心技术具有重要的战略意义。

当前太赫兹产业发展还处于创新萌芽期向成熟期的过渡阶段,诸多技术正处于在蓄势待发状态,需要国家和资本市场增加投入以加快其产业化进程,并在一些新兴战略性行业形成自主可控的核心技术、得到重要的系统应用。

"战略前沿新技术——太赫兹出版工程"是我国太赫兹领域第一套较为完整

的丛书。这套丛书内容丰富,涉及领域广泛。在理论研究层面,丛书包含太赫兹场与物质相互作用、自旋电子学、表面等离激元现象等基础研究以及太赫兹固态电子器件与电路、光导天线、二维电子气器件、微结构功能器件等核心器件研制;技术应用方面则包括太赫兹雷达技术、超导接收技术、成谱技术、光电测试技术、光纤技术、通信和成像以及天文探测等。丛书较全面地概括了我国在太赫兹领域的发展状况和最新研究成果。通过对这些内容的系统介绍,可以清晰地透视太赫兹领域研究与应用的全貌,把握太赫兹技术发展的来龙去脉,展望太赫兹领域未来的发展趋势。这套丛书的出版将为我国太赫兹领域的研究提供专业的发展视角与技术参考,提升我国在太赫兹领域的研究水平,进而推动太赫兹技术的发展与产业化。

我国在太赫兹领域的研究总体上仍处于发展中阶段。该领域的技术特性决定了其存在诸多的研究难点和发展瓶颈,在发展的过程中难免会遇到各种各样的困难,但只要我们以专业的态度和科学的精神去面对这些难点、突破这些瓶颈,就一定能将太赫兹技术的研究与应用推向新的高度。

中国科学院院士

2020 年 8 月

太赫兹频段介于毫米波与红外光之间,频率覆盖 0.1～10 THz,对应波长 3 mm～30 μm。长期以来,由于缺乏有效的太赫兹辐射源和探测手段,该频段被称为电磁波谱中的"太赫兹空隙"。早期人们对太赫兹辐射的研究主要集中在天文学和材料科学等。自 20 世纪 90 年代开始,随着半导体技术和能带工程的发展,人们对太赫兹频段的研究逐步深入。2004 年,美国将太赫兹技术评为"改变未来世界的十大技术"之一;2005 年,日本更是将太赫兹技术列为"国家支柱十大重点战略方向"之首。由此世界范围内掀起了对太赫兹科学与技术的研究热潮,展现出一片未来发展可期的宏伟图画。中国也较早地制定了太赫兹科学与技术的发展规划,并取得了长足的进步。同时,中国成功主办了国际红外毫米波-太赫兹会议(IRMMW‐THz)、超快现象与太赫兹波国际研讨会(ISUPTW)等有重要影响力的国际会议。

太赫兹频段的研究融合了微波技术和光学技术,在公共安全、人类健康和信息技术等诸多领域有重要的应用前景。从时域光谱技术应用于航天飞机泡沫检测到太赫兹通信应用于多路高清实时视频的传输,太赫兹频段在众多非常成熟的技术应用面前不甘示弱。不过,随着研究的不断深入以及应用领域要求的不断提高,研究者发现,太赫兹频段还存在很多难点和瓶颈等待着后来者逐步去突破,尤其是在高效太赫兹辐射源和高灵敏度常温太赫兹探测手段等方面。

当前太赫兹频段的产业发展还处于初期阶段,诸多产业技术还需要不断革新和完善,尤其是在系统应用的核心器件方面,还需要进一步发展,以形成自主可控的关键技术。

这套丛书涉及的内容丰富、全面,覆盖的技术领域广泛,主要内容包括太赫兹半导体物理、固态电子器件与电路、太赫兹核心器件的研制、太赫兹雷达技术、超导接收技术、成谱技术以及光电测试技术等。丛书从理论计算、器件研制、系统研发到实际应用等多方面、全方位地介绍了我国太赫兹领域的研究状况和最新成果,清晰地展现了太赫兹技术和系统应用的全景,并预测了太赫兹技术未来的发展趋势。总之,这套丛书的出版将为我国太赫兹领域的科研工作者和工程技术人员等从专业的技术视角提供知识参考,并推动我国太赫兹领域的蓬勃发展。

太赫兹领域的发展还有很多难点和瓶颈有待突破和解决,希望该领域的研究者们能继续发扬一鼓作气、精益求精的精神,在太赫兹领域展现我国家科研工作者的良好风采,通过解决这些难点和瓶颈,实现我国太赫兹技术的跨越式发展。

中国工程院院士

2020 年 8 月

丛
书
前
言

太赫兹领域的发展经历了多个阶段,从最初为人们所知到现在部分技术服务于国民经济和国家战略,逐渐显现出其前沿性和战略性。作为电磁波谱中最后有待深入研究和发展的电磁波段,太赫兹技术给予了人们极大的愿景和期望。作为信息技术中的一种可用载波,太赫兹频段是未来超宽带无线通信应用的首选频段,是世界各国都在抢占的频带资源。未来 6G、空-天-地-海一体化应用、公共安全等重要领域,都将在很大程度上朝着太赫兹频段方向发展。该频段电磁波的有效利用,将极大地促进我国信息技术和国防安全等领域的发展。

与国际上太赫兹技术发展相比,我国在太赫兹领域的研究起步略晚。自 2005 年香山科学会议探讨太赫兹技术发展之后,我国的太赫兹科学与技术研究如火如荼,获得了国家、部委和地方政府的大力支持。当前我国的太赫兹基础研究主要集中在太赫兹物理、高性能辐射源、高灵敏探测手段及性能优异的功能器件等领域,应用研究则主要包括太赫兹安检成像、物质的太赫兹“指纹谱”分析、无线通信、生物医学诊断及天文学应用等。近几年,我国在太赫兹辐射与物质相互作用研究、大功率太赫兹激光源、高灵敏探测器、超宽带太赫兹无线通信技术、安检成像应用以及近场光学显微成像技术等方面取得了重要进展,部分技术已达到国际先进水平。

这套太赫兹战略前沿新技术丛书及时响应国家在信息技术领域的中长期规划,从基础理论、关键器件设计与制备、器件模块开发、系统集成与应用等方面,全方位系统地总结了我国在太赫兹源、探测器、功能器件、通信技术、成像技术等领域的研究进展和最新成果,给出了上述领域未来的发展前景和技术发展趋势,将为解决太赫兹领域面临的新问题和新技术提供参考依据,并将对太赫兹技术的产业发展提供有价值的参考。

本人很荣幸应邀主编这套我国太赫兹领域分量极大的战略前沿新技术丛书。丛书的出版离不开各位作者和出版社的辛勤劳动与付出,他们用实际行动表达了对太赫兹领域的热爱和对太赫兹产业蓬勃发展的追求。特别要说的是,三位丛书顾问在丛书架构、设计、编撰和出版等环节中给予了悉心指导和大力支持。

这套该丛书的作者团队长期在太赫兹领域教学和科研第一线,他们身体力行、不断探索,将太赫兹领域的概念、理论和技术广泛传播于国内外主流期刊和媒体上;他们对在太赫兹领域遇到的难题和瓶颈大胆假设,提出可行的方案,并逐步实践和突破;他们以太赫兹技术应用为主线,在太赫兹领域默默耕耘、奋力摸索前行,提出了各种颇具新意的发展建议,有效促进了我国太赫兹领域的健康发展。感谢我们的丛书编委,一支非常有责任心且专业的太赫兹研究队伍。

丛书共分 14 册,包括太赫兹场与物质相互作用、自旋电子学、表面等离激元现象等基础研究,太赫兹固态电子器件与电路、光导天线、二维电子气器件、微结构功能器件等核心器件研制,以及太赫兹雷达技术、超导接收技术、成谱技术、光电测试技术、光纤技术及其在通信和成像领域的应用研究等。丛书从理论、器件、技术以及应用等四个方面,系统梳理和概括了太赫兹领域主流技术的发展状况和最新科研成果。通过这套丛书的编撰,我们希望能为太赫兹领域的科研人员提供一套完整的专业技术知识体系,促进太赫兹理论与实践的长足发展,为太赫兹领域的理论研究、技术突破及教学培训等提供参考资料,为进一步解决该领域的理论难点和技术瓶颈提供帮助。

中国太赫兹领域的研究仍然需要后来者加倍努力,围绕国家科技强国的战略,从"需求牵引"和"技术推动"两个方面推动太赫兹领域的创新发展。这套丛书的出版必我国太赫兹领域的基础和应用研究产生积极推动作用。

曹俊诚

2020 年 8 月于上海

太赫兹(Terahertz，THz，1 THz＝10^{12} Hz)频段主要指频率从 100 GHz 到 10 THz、相应波长从 3 mm 到 30 μm、介于毫米波与红外光之间的电磁波频段，这是电磁波谱中最后一个有待人类进行深入研究的频率窗口，包含了大约 50% 的宇宙空间光子能量。太赫兹频段既是宏观经典理论向微观量子理论的过渡区，也是电子学向光子学的过渡区域，具有很多独特的性质，例如光子能量低、对非极性物质穿透能力强等。在太赫兹频段内，不仅很多相对可见光和红外光不透明的材料是近似透明的，而且大多数生物战剂、毒品和爆炸物具有明显的特征吸收峰。物质材料在太赫兹频段的特征波谱包含了丰富的物理和化学信息，尤其是凝聚态物质的声子频率、大分子振动和转动跃迁的特征频谱均处于太赫兹频段，半导体材料中的载流子对太赫兹辐射的响应也非常灵敏。目前，太赫兹频段的研究不仅已形成与其他电磁波谱频段的有力互补，而且已成为探索物质结构、揭示物理化学过程的新手段。

物质材料在太赫兹频段的特征跃迁谱包含着非常丰富的物理和化学信息，研究物质材料在太赫兹频段的特征频谱对于探索物质结构和鉴别物质化学成分具有重要意义。近年出现的太赫兹波谱测试技术是基于超短脉冲激光和太赫兹波特性开发的一种非常有效而且能够在室温稳定工作的新型非接触性无电离损伤探测技术，可以有效探测物质材料的物理特征信息(折射率、介电常数)和化学特征信息(物质分子结构内部原子的集体振动或转动以及分子间的弱相互作用引发的特征跃迁吸收谱)并进行辨识，已发展成为当今太赫兹研究领域最前沿、最炙手可热的关键技术之一。

本书以典型物质材料在太赫兹频段的特征波谱测试关键技术、振动和转动特征跃迁量化计算主要方法以及典型应用为主线,结合作者十余年的相关研究成果和实践经验,并借鉴和归纳总结国内外相关研究领域专家学者和科研人员的一些有价值的研究成果而完成。本书适用于从事太赫兹波谱测试与分析技术、量化计算模拟、物质辨识、材料鉴别、化学化工、生物医学等领域研究工作的工程技术人员,以及科研院所和大中专高校相关专业的学生和科研人员。作者力求通过自身努力对那些需要了解和认识太赫兹波谱技术及其应用的人们有所帮助,衷心希望本书不仅能够成为一本广大读者喜闻乐见、系统介绍太赫兹波谱技术和理论分析方法的专业参考书,而且希望通过本书的"抛砖引玉",推动我国在太赫兹频段相关研究领域的基础理论、技术开发及应用研究更加深入、全面、快速的发展。

本书共九章。第1章主要介绍了太赫兹频段特征波谱的形成机理及目前一些典型的太赫兹波谱技术。第2章阐述了利用太赫兹波时域波谱技术获取物质材料物理特征信息(折射率、介电常数)的计算方法,着重介绍了电子结构理论、基组与基组函数、平面波与赝势等理论计算方法以及目前常用的典型量化计算软件。第3章重点阐述了构成生物功能大分子蛋白质的基本组成单位——氨基酸(L-丙氨酸、苯丙氨酸和酪氨酸)的太赫兹波谱实验测试研究及太赫兹频段振动模式的理论计算。第4章主要阐述了构成遗传物质DNA的碱基分子嘧啶类物质——胞嘧啶和胸腺嘧啶的太赫兹波谱研究进展。第5章主要以葡萄糖和果糖以及无水葡萄糖和一水葡萄糖为代表阐述了糖类的太赫兹特征波谱实验与理论研究。第6章主要讨论了邻苯二酚、间苯二酚和对苯二酚以及2-吡啶甲酸、3-吡啶甲酸和4-吡啶甲酸两组典型同分异构体的实测太赫兹特征波谱及其振动模式的理论计算,并对比研究分析了邻苯二酚在太赫兹频段和中红外频段的特征吸收谱。第7章主要阐述了分子结构相似的苯甲酸和苯甲酸钠以及水杨酸和水杨酸钠的太赫兹波谱研究,结合理论计算模拟,对比分析了水杨酸与烟酸、异烟酸及2-吡啶甲酸的太赫兹特征波谱。第8章简要介绍了目前液相物质的太赫兹频段特征波谱研究现状,结合量化计算模拟,重点讨论了分子结构相似的苯甲酸和苯甲酸钠以及互为同分异构体的葡萄糖和果糖水溶液的液相太赫兹频段特征吸收谱,并对比分析了葡萄糖和果糖水溶液在太赫兹频段与红外频段的特征吸收谱。第9章太赫兹特征波谱技术应用前景与面临的挑战,主要是作者在总结归纳国内外相关研究领域专家学者和科研人员最新研究成果的基础上,对宽频带太赫兹波谱技术及其未来应用发展方向的展望与期盼。

作者十多年前开始从事宽频带太赫兹波谱技术及其应用方面的研究工作,先后参与了英国、欧洲共同体等支持的太赫兹领域科研项目及中国第一个太赫兹领域的国家自然科学基金重大项目、第一个太赫兹领域的国家重点基础研究发展计划(973计划)项目,主持了中国科学院"百人计划"择优支持(引进国外杰出人才)项目"太赫兹光谱成像技术与应用研究"、第一个太赫兹领域的中国科学院知识创新工程重要方向项目"太赫兹成像关键技术研究"子课题"太赫兹波谱成像关键技术研究"及国家自然科学基金项目"亚波长金属结构高效太赫兹光电导发射天线研究"等。

作者感谢所有曾经一起工作过的和现在正在一起工作的合作者们,本书大量引用了他们卓有成效且富有创造性的工作。他们包括在我课题组学习(过)的学生郑转平、闫慧、丁玲、宋超、刘佳、陈徐、薛冰、陈龙超、梁玉庆、杨坚、徐利民、李慧、谢军、陈泽优、王开等;国内的合作者赵卫、程光华、杨文正、朱少岚、汤洁等。特别感谢我在国外工作期间的合作者 A. G. Davies、E. H. Linfield、A. D. Burnett、P. C. Upadhya、J. E. Cunningham、H. G. M. Edwards、J. Kendrick、T. Munshi、M. Hargreaves、Y. C. Shen、C. Wood、James Lloyd‐Hughes、Enrique Castro‐Camus、Michael B. Johnston、J. A. Deibel、J. Kono、D. M. Mittleman、A. Sengupta 等。

作者特别感谢光昭女士的支持和鼓励。

鉴于作者认知水平的局限,加之写作时间仓促,本书难免存在疏漏与欠妥之处,恳请广大读者不吝赐教,批评指正。

范文慧
于中国西安
2019 年春

Contents

目 录

1

太赫兹
波谱技术

1.1 电磁波谱分析与太赫兹频段

当具有不同频率的电磁波入射物质时,由于组成物质的单元结构与电磁波的相互作用而发生电磁波的吸收或散射现象,使通过物质的电磁波强度和能量产生变化。电磁波谱分析就是研究不同频率电磁波与组成物质的单元结构相互作用所产生的电磁波谱的变化。早在 19 世纪 50 年代,人类就开始应用目视比色法进行可见光谱分析。随着科学仪器的发展进步,人类在 19 世纪末开始进行红外光谱和紫外光谱测定。跨入 20 世纪,得益于量子力学理论体系的建立以及电子和光学技术的不断创新发展,尤其是电子计算机的广泛应用,电磁波谱学与电磁波谱分析方法获得了快速发展,并逐渐成为人类认识物质微观结构及其作用的重要手段之一。

电磁波谱包括的范围很广,具有不同能量以及处于不同频段的电磁波与组成物质的单元结构相互作用均可以引起相应的物质单元结构运动而展现出不同的电磁波谱,如表 1-1 所示。

表 1-1
电磁辐射与电
磁波谱[1]

电磁辐射	波　长	分子运动	波谱类型
X 射线	$0.1 \sim 10$ nm	内层电子跃迁	X 射线谱
真空紫外	$10 \sim 200$ nm	外层电子跃迁	电子波谱
紫外	$200 \sim 400$ nm	外层电子跃迁	电子波谱
可见	$400 \sim 800$ nm	外层电子跃迁	电子波谱
红外	$0.8 \sim 1\,000$ μm	振动与转动跃迁	红外波谱
太赫兹波	$30 \sim 3\,000$ μm	振动与转动跃迁	太赫兹波谱
微波	$0.1 \sim 100$ cm	转动跃迁、自旋跃迁	微波谱、顺磁共振谱
无线电波	$1 \sim 1\,000$ m	核自旋跃迁	核磁共振谱

其中,红外光谱的典型频率范围是中红外频段(一般指 $2.5 \sim 25$ μm),拉曼光谱的主要覆盖范围也在这一频段。红外吸收光谱(Infrared Absorption Spectra)

和拉曼散射光谱(Raman Scattering Spectra)都以分子振动和转动跃迁为主要研究对象,称为分子振转光谱,通常也可称为分子振动光谱。

简单地讲,红外吸收光谱和拉曼散射光谱的主要区别在于:分子偶极矩的变化形成红外吸收光谱,即只有分子偶极矩发生变化的分子振动过程才能产生红外吸收光谱,因而可称为红外"活性"振动;而分子极化率的变化形成拉曼散射光谱,即只有分子极化率发生变化的分子振动过程才能产生拉曼散射光谱,所以也称为拉曼"活性"振动。不难看出,红外吸收光谱和拉曼散射光谱应用于有机物质结构分析时,展现的是分子振动过程中不同特征物理量的变化,反映和体现的信息是可以互补的,因而红外吸收光谱和拉曼散射光谱都是涉及物质有机官能团辨识和微观分子结构鉴定研究的常用手段。相对而言,红外吸收光谱的应用更为广泛,因为它是依据物质分子在其红外频段特征吸收谱带的位置、强度、形状、个数,并参照特征吸收谱带与溶剂、聚集态温度、浓度等关系推测分子的具体空间构型,求解相关化学键的作用力常数、键长和键角,推测分子中某种有机官能团的存在与否,进而推测有机官能团的邻近基团,确定物质的微观结构。

目前,红外吸收光谱技术及其研究相对较为成熟,各类有机化合物的红外特征吸收频率也已基本明确。例如,二聚体羧酸 O—H 键伸缩振动的特征吸收频率通常处于 $2\,500\sim3\,300\ cm^{-1}$ 内,呈现一条中心频率位于 $3\,000\ cm^{-1}$ 的较宽吸收谱带;苯环、吡啶环及其他杂芳环骨架伸缩振动的特征吸收频率处于 $1\,450\sim1\,600\ cm^{-1}$ 内,在中心频率位于 $1\,600\ cm^{-1}$、$1\,580\ cm^{-1}$、$1\,500\ cm^{-1}$、$1\,450\ cm^{-1}$ 附近呈现 3～4 条特征吸收谱带[2]。而处于中红外光谱高频一侧的近红外光谱($0.75\sim2.5\ \mu m$),其特征谱带主要来源于分子内化学键振动合频和倍频吸收的结果。

太赫兹辐射是频率介于微波和红外光之间的电磁辐射,因而太赫兹辐射是人眼不可见的。虽然太赫兹辐射在自然界处处存在,充满了人类日常生活的空间,然而高效的太赫兹波产生和高灵敏的太赫兹波探测等技术性难题是造成这部分电磁波谱利用率较低的主要原因,因而介于微波与红外光之间相当宽频谱范围的电磁辐射在很长一段时间不为人类熟悉,被称为电磁波谱的"太赫兹空隙(Terahertz Gap, THz Gap)"[3],如图 1-1 所示。

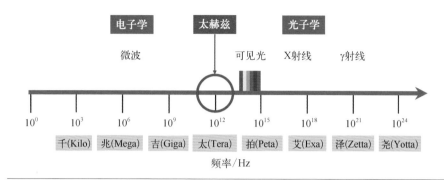

图 1-1
电磁波谱与太
赫兹频段

直到 20 世纪 80 年代中期,超短脉冲激光(特别是 20 世纪 90 年代逐渐成熟的全固态飞秒激光)技术和低维半导体技术快速发展[4],实现了太赫兹频段发射源和探测技术瓶颈的突破,太赫兹辐射的性质研究和技术应用才得以飞速发展。

由于太赫兹波是频率介于微波和红外光之间的电磁辐射,因而来自不同领域的研究人员亦从各自的研究领域对太赫兹频段电磁波的产生、传输、探测和应用等开展研究工作,客观上造成了不同研究背景和研究基础的研究人员采用不同的物理单位描述太赫兹波的现象。这些常见表述的对应关系是一个振荡频率为 1 THz 的电磁波,其振荡周期为 1 ps,相应的波长是 300 μm、光子能量是 4.14 meV,对应的波数是 33.3 cm^{-1}、绝对温度是 47.6 K。虽然采用频率单位命名一个电磁频段是非常罕见的,然而“太赫兹”已经成为这个领域的通用性名称。与微波、红外辐射和 X 射线辐射类似,“太赫兹辐射”是特指这个频段的最常用术语。另一个常见术语是“T 射线”,最初来源于成像技术,其中“T”代表太赫兹。

太赫兹频段是整个电磁波谱中最后一个有待人类进行深入研究的频率窗口,包含了大约 50% 的宇宙空间光子能量。然而,太赫兹频段至今还没有一个标准的定义,目前最常用的太赫兹频段主要指频率从 100 GHz 到 10 THz、相应波长从 3 mm 到 30 μm、介于毫米波与红外光之间的电磁波频段,包括了邻近的甚高频毫米波频段(Millimeter Wave, MMW;波长为 1~10 mm,对应频率为 300~30 GHz)、亚毫米波频段(Submillimeter Wave, SMMW;波长为 0.1~1 mm,对应频率为 3 THz~300 GHz)、远红外频段[Far - infrared Radiation, Far - IR;波长为(25~40)~(200~350) μm,对应频率为(1.5~0.86)~(12~

7.5）THz][5]。

太赫兹频段既是宏观经典理论向微观量子理论的过渡区，也是电子学向光子学的过渡区域，具有很多独特性质，例如光子能量低、对非极性物质穿透能力强等。在太赫兹频段内，不仅很多相对于可见光和红外光不透明的材料是近似透明的，而且大多数生物战剂、毒品和爆炸物具有明显的特征吸收峰。物质的太赫兹波谱包含了丰富的物理和化学信息，例如凝聚态物质的声子频率、大分子振动和转动跃迁特征谱均处于太赫兹频段，半导体材料中的载流子对太赫兹辐射的响应也非常灵敏。目前，太赫兹频段的研究不仅已形成与其他频段的有力互补，而且已成为探索物质微观结构、揭示物理化学过程的新手段。

物质材料在太赫兹频段的特征跃迁谱包含非常丰富的物理和化学信息，研究物质材料在太赫兹频段的特征波谱对于探索物质结构和鉴别物质化学成分具有重要意义。近年出现的太赫兹波谱测试技术是基于超短脉冲激光和太赫兹波特性开发的一种非常有效而且能够在室温稳定工作的新型非接触性无电离损伤探测技术，可以有效探测物质的物理特征信息（折射率、介电常数）和化学特征信息（物质分子结构内部原子的集体振动或转动以及分子间的弱相互作用引发的特征跃迁吸收谱）并进行辨识，已发展成为当今太赫兹研究领域最前沿、最炙手可热的关键技术之一。

1.2 分子振动与红外吸收谱和太赫兹特征谱

对于由 N 个原子组成的分子，由于每个原子具有 3 个空间坐标，即总共具有 $3N$ 个运动自由度。去除分子作为一个整体具有的 3 个平动自由度和 3 个转动自由度，总的分子振动自由度数目是 $3N-6$ 个。需要说明的是，由于线性分子作为一个整体只有 2 个转动自由度，因而其总的分子振动自由度为 $3N-5$。分子的 $3N-6$ 个振动自由度对应着 $3N-6$ 个能级变化，但并不是每一个分子振动都可以产生红外吸收谱带。如上节所述，红外特征吸收峰源自分子偶极矩的变化，即在分子振动过程中如果分子偶极矩发生变化，才会产生红外吸收跃迁。由于具有对称性的分子进行中心全对称振动时，总的分子偶极矩变化为零，因而在红外吸收光谱中就不会产生特征吸收谱带。通常实验测试获得的红外吸收光谱谱带数远少于其振动自由度数目,即少于$3N-6$,其原因除了有些分子吸收并非红外活性或者因为能量相等的吸收峰发生简并而造成特征吸收谱带重合外,还可能因为测试仪器的测试范围、灵敏度或分辨率等,造成超出仪器测试范围的特征吸收谱带无法检测、能量较弱的特征吸收谱带因仪器设备灵敏度不够而无法被有效检测,或是因测试仪器的频率分辨率不足而造成中心频率非常相近的特征吸收谱带无法有效区分等。

一般地,可以将分子的振动方式分为伸缩振动和弯曲振动两大类,如图1-2所示。在分子的伸缩振动中,原子沿着化学键轴的方向规律运动,导致原子间的距离增大或减小,即分子键长发生改变,因而根据化学键伸缩方向是否一致,可分为对称伸缩振动和反对称伸缩振动;分子的弯曲振动是一种分子键角改变的运动,具体可分为剪式振动、面内摇摆、面外摇摆和扭曲振动。一般情况下,分子的伸缩振动因为涉及分子键长的改变,因此其振动频率较高,而且受周围环境的影响较小,某一特定化学键或基团的伸缩振动在不同物质或不同邻近环境中往往表现出固定的振动频率;而分子的弯曲振动由于分子键长没有变化而主要涉

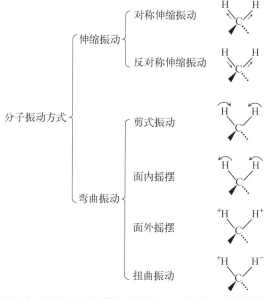

图1-2
分子振动方式

("+"表示运动方向垂直纸面向里,"−"表示运动方向垂直纸面向外)

及分子键角的改变,因此其振动频率较低,因而对分子骨架振动和分子周围环境变化非常敏感。

通常,分子内局部振动产生的特征吸收频率主要集中在中红外频段,因而中红外特征吸收光谱主要体现和测量分子内与单个化学键相关的弯曲振动或伸缩运动等振动模式(例如 C—O 键或 C=O 键的伸缩振动),但部分非局域的分子内振动模式、大分子的骨架振动(构型弯曲)、分子之间的弱相互作用(例如氢键、范德瓦尔斯力作用、重叠作用等),以及晶体中的声子振动等均对应于太赫兹频段,属于太赫兹特征谱的主要范畴,如图 1-3 所示。

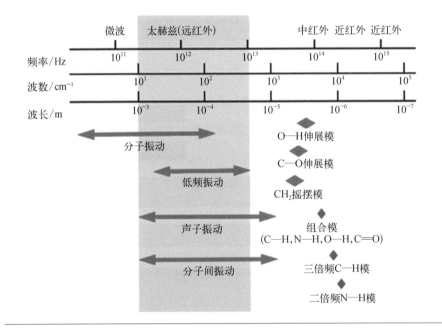

图 1-3
电磁波谱相应
的分子跃迁

太赫兹频段的分子振动吸收光谱含有丰富的物理和化学信息,在生物医学、安全检测、射线天文、军事国防等领域展示出重大的科学价值和诱人的应用前景。因此,太赫兹特征波谱技术的突破和研究应运而生。

1.3 太赫兹波与物质相互作用

实际上,自然界中存在着大量的太赫兹辐射源,绝大多数物体都在以热辐射的形式向外辐射太赫兹频段的电磁波。尽管自然界中充斥着太赫兹辐射,但是在 20 世纪 80 年代中期以前,由于太赫兹频段在电磁频谱所处的特殊位置,使得在太赫兹频段既不完全适合运用光学理论处理,也不完全适合采用微波理论研究,单纯依靠当时的电子学或光学的技术和器件都难以完全满足太赫兹频段的需要,致使太赫兹频段的高效辐射源和高灵敏探测器长期匮乏,无法深入研究太赫兹频段的电磁辐射特性以及相关技术和应用,从而造成相当长一段时间因为受到太赫兹波产生和探测技术的限制,太赫兹波技术和应用研究一直没有成为人们关注的热点,相关研究报道也屈指可数。与之形成鲜明对比的是,位于太赫兹频段两侧的微波和红外频段早已被深入研究和广泛应用到通信、探测、光谱、成像等众多领域,而太赫兹频段却一直属于电磁波谱中一段不为人类熟悉的"空白"地带,被称为电磁波谱中的"太赫兹空隙"。

近三十年来,随着超短脉冲激光技术、人工材料生长技术、纳米微电子加工技术、半导体激光器技术、高频电子电路技术及超快光电子技术的飞速发展,不仅为太赫兹辐射的有效产生和探测提供了多种技术手段,而且给太赫兹波技术的发展带来了新的契机,促进了太赫兹科学研究与技术应用的快速发展,并在全球掀起了大范围的太赫兹科学与技术应用的研究热潮。

欧洲联盟于 2001 年起先后组织成员国的十多个研究团队开展了"太赫兹生物诊断技术及生物效应研究"等项目,资助总金额超过 1 000 万欧元。2004 年,美国将太赫兹波技术列为"改变未来世界的十大技术"之一,美国国家科学基金会与美国国立卫生研究院等资助了近 300 项与太赫兹波生物医学相关的研究。2005 年,日本将太赫兹波技术列为其科学技术领域最重要的战略目标之一;韩国联合国内多家科研单位成立了太赫兹生物应用系统研究中心,重点提出基于太赫兹波的生物医学应用研究以冲击诺贝尔奖;中国召开了以"太赫兹科学技术的新发展"为主题的香山科学会议,多位院士与专家分析了国内外太赫兹波技术的发展形势及其战略地位,为国内太赫兹波研究描绘了发展蓝图。近几年,国内高校和科研院所也相继成立了太赫兹技术研究中心。

由于太赫兹频段处于电磁波谱的特殊位置,因而太赫兹波同时具有微波和红外光的一些电磁特性,并且还具有许多特有的性质。

（1）超短脉冲激光产生的超短脉冲太赫兹波的脉冲宽度通常在皮秒或亚皮秒量级，可用于进行时间分辨研究，也可应用于相干取样测量技术中，可以有效削弱远红外背景噪声干扰[6,7]。

（2）太赫兹波覆盖的频谱范围很宽，包含丰富的频谱信息。大量有机大分子的振动、平动及转动能级均处于太赫兹频段，通过解析物质材料的太赫兹频段特征吸收谱，可用于进行物质材料的定性及定量鉴别[8-10]。

（3）太赫兹波的光子能量很低，1 THz对应的光子能量约为4.14 meV，仅为X射线光子能量的万分之一，不足以造成生物或化学分子的化学键断裂，更不会从原子中激发出离子，因而太赫兹波不具有电离破坏性，非常适合生物或化学分子和生物组织的无损检测[11,12]。

（4）非金属材料和非极性材料对太赫兹波的吸收小、透过率高，因而可以利用太赫兹波方便有效地探测非金属材料和非极性材料的内部信息，例如陶瓷、布、硬纸板和塑料制品等[13-15]。基于太赫兹波的这一特性，太赫兹波技术可以应用于机场等公共地方的安全监测中[16]，检测一些隐藏的违禁或危险物品，例如毒品和危险爆炸物[17-19]等。

综上所述，可以看出太赫兹波不仅光子能量低、安全性高、对许多非金属材料和非极性材料具有良好的穿透性，而且由于许多生物或化学分子的集体振动模式处于太赫兹频段，因而生物或化学分子的转动跃迁、大振幅振动、固体的晶格振动、半导体材料的带内跃迁及超导体的能带跃迁等基本物理过程均与这些材料的太赫兹特征频谱有关，这使得研究物质材料的太赫兹特征频谱具有非常重要的学术意义和实际应用前景。然而，发展和应用太赫兹波技术必须首先了解太赫兹波与物质材料相互作用的具体特性。

1.3.1 物质材料在太赫兹频段的光学特性

根据在太赫兹频段光学特性的差异，凝聚体材料主要可分为三类：水、金属和介质。水作为一种极性很强的液体，在太赫兹频段展现的吸收特性非常强，水蒸气吸收就是造成地球大气中太赫兹波传输衰减的主要原因，因此在设计太赫兹波技术应用的实际工作方案时，水（水蒸气）吸收是一个必须考虑的重要因素。

而金属材料具有的高电导率使其在太赫兹频段呈现很强的反射特性。归属于非极性和非金属材料的介质类材料(例如塑料、纸、衣服、木材、瓷器等)在光学频段是不透明的,但对于太赫兹波而言却是透过率很高的材料。表1-2是凝聚体材料在太赫兹频段的光学特性。

表1-2
凝聚体材料在
太赫兹频段的
光学特性[5]

材 料 类 型	光 学 特 性
液态水	高吸收率($\alpha \approx 250$ cm^{-1} @ 1 THz)①
金 属	高反射率($R > 99.5\%$ @ 1 THz)①
塑 料	低吸收率($\alpha < 0.5$ cm^{-1} @ 1 THz)① 低反射率($n \approx 1.5$)
半导体	低吸收率($\alpha < 1$ cm^{-1} @ 1 THz)① 高反射率($n \approx 3 \sim 4$)

① 括号里"@ 1 THz"表示频率为 1 THz 时。

利用不同类型材料在太赫兹频段光学特性的差异可以实现很多重要的应用,尤其是在太赫兹波成像等方面。由于通常使用的包装材料多属于介质类材料,因而利用太赫兹波成像可以实现密封包装的无拆封无损检测;利用水在太赫兹频段的高吸收特性,很容易通过太赫兹波成像区分水合物与干的物质或者含水量不同的物质;金属目标则由于金属材料在太赫兹频段具有高反射性和完全不透明性,也很容易通过太赫兹波成像实现分辨。因而,太赫兹波成像不仅可用于甄别隐藏在常规包裹或包装材料中的武器、爆炸物和违禁药品,而且在医学诊断方面也具有非常重要的应用前景。

由于太赫兹频段处于电磁频谱的特殊位置,因而通常可以采用经典的麦克斯韦方程组(Maxwell's Equations)描述太赫兹波的传播(例如反射、透射、吸收、色散等)及其与宏观均匀介质的相互作用关系,而对于一些包括原子的里德堡跃迁(Rydberg Transition)[20,21]、半导体杂质态跃迁[22]、半导体纳米结构的带内跃迁[23,24]、强关联电子系统的多体相互作用[25]、有机晶体和无机晶体声子跃迁[26]、分子的旋转振动跃迁[27]、生物大分子的振动跃迁[28]等元激发而言,通常采用基本量子理论体系的薛定谔方程(Schrödinger's Equation)对其微观尺度基本特性进行描述。通过分子能级和波动函数可以直接建立分子的哈密顿函数 H,即

$$H = T_n + T_e + V_{en} + V_{ee} + V_{nn} \qquad (1-1)$$

式中,T_n 和 T_e 分别代表原子核、电子的动能;V_{en}、V_{ee}、V_{nn} 分别代表电子-原子核、电子-电子、原子核-原子核之间的库仑相互作用能。

实际上,在式(1-1)中包含五部分能量的哈密顿函数是一个非常复杂的多维微分方程,不采用任何近似进行精确求解是不可能的。著名的波恩-奥本海默近似(Born-Oppenherimer Approximation)就是一种最常用的降低该类问题处理难度的方法,其核心思想主要基于原子核质量远大于电子质量(质量比约为 10^4 数量级),因而与电子相比,原子核的移动速度非常缓慢,即与式(1-1)的其他项相比,原子核的动能 T_n 非常小,可以忽略不计,从而将电子的运动从原子核的运动中解耦。具体求解思路详见第 2 章描述。

就固体材料在太赫兹频段的介质特性而言,由于德鲁特机制(Drude Mechanism)和德拜弛豫(Debye Relaxtion)是在低于微波频段的频率范围内决定固体材料特性的主要作用过程,因此通过利用射频(Radio Frequency,RF)微波设备测量固体材料的介质常数可以检测这些物理过程。当频率升高到太赫兹频段时,这些低频响应的作用逐渐削弱、消失。而随着频率进一步升高到中红外频段,此时固体材料的光学特性主要由晶格振动过程决定,确切地说,是由中红外频段的光频声子决定。通常,固体材料的最低光频声子谐振频率接近 10 THz,因而在太赫兹频段,德鲁特机制、德拜弛豫和晶格振动是固体材料的主要吸收机制。其中,德鲁特机制决定固体材料中自由载流子的传输特性;德拜弛豫涉及固体材料对外部施加电场的延迟响应,瞬时响应的延迟可用随机热振荡进行解释,即这种随机热振荡减缓了固体材料内部分子偶极矩的重新定向[5],从而造成响应延迟。

1.3.1.1 典型聚合物材料在太赫兹频段的光学特性

如前所述,由于太赫兹频段介于微波频段和红外频段之间,因而固体材料在太赫兹频段的光学特性是由不同的物理机制决定的,而且自由载流子效应在太赫兹频段相对较强,声子谐振又造成很多材料在太赫兹频段不透明,例如在可见光频段常用的玻璃材料由于其内部缺陷在太赫兹频段引起的损耗非常高而变得不透明。然而,一些在可见光频段不透明的材料在太赫兹频段却变得非常透明,例如高密度聚乙烯（High Density Polyethylene，HDPE）、低密度聚乙烯（Low Density Polyethylene，LDPE）、聚四氟乙烯（Polytetrafluoroethylene，PTFE，即 Telfon 或特氟龙）和聚 4 -甲基戊烯- 1（Poly - 4 - methyl - 1 - pentene，TPX）等聚合物材料在太赫兹频段是非常透明的，而且几乎不存在色散，其吸收系数小于 0.5 cm^{-1}（频率为 1 THz 时），并随着频率的升高而呈平方增长。

高密度聚乙烯是乙烯经过聚合反应制备获得的一种热塑性树脂，常温下不溶于一般溶剂，吸水性小，对于环境应力（化学与机械作用）很敏感，耐热老化性差，具有各向同性、易于加工、化学稳定性高、电绝缘性能优良和耐低温（最低使用温度可达－100～－70℃）等特点，并以其在太赫兹频段卓越的透过率而成为太赫兹频段应用最为广泛的聚合物材料。但其在 2.2 THz 附近显现明显的晶格吸收特性，相对带宽为 0.2 THz，这对于接近 2.2 THz 的应用存在一定影响，例如太赫兹特征波谱探测分析等。高密度聚乙烯在太赫兹频段的折射率约为 1.526，略大于低密度聚乙烯在太赫兹频段的折射率（约为 1.513）。

聚四氟乙烯在太赫兹低频段（≤3 THz）是高度透明的，其吸收谱线略高于高密度聚乙烯，虽然在大于 3 THz 频段的吸收损耗随着频率的升高而逐步增大，但聚四氟乙烯材料具有优良的化学稳定性和耐化学腐蚀性，属于当今世界上耐腐蚀性能最佳的材料，除了熔融碱金属、三氟化氯、五氟化氯和液氟以外，可以承受其他一切化学药品，在王水中煮沸也不起变化，广泛应用于各种需要抗酸碱和有机溶剂的场合，被誉为"塑料王"。此外，聚四氟乙烯对人没有毒性，具有良好的密封性、高润滑不黏性、电绝缘性和抗老化能力，而且耐温度特性优异（可在－180～250℃温度环境下长期工作，且允许骤冷骤热或冷热交替操作）。聚四氟乙烯在太赫兹低频段的折射率约为 1.432。

聚丙烯（Polypropylene，PP）通常为半透明无色固体，无臭无毒，且由于分子结构规整而呈现高度结晶化，熔点高达 167℃，具有耐热、耐腐蚀、可用蒸气消毒等特点。聚丙烯也是一种太赫兹波传输材料，但应用不是很广泛。聚丙烯在太赫兹低频段（≤3 THz）的吸收频谱类似于聚四氟乙烯，而在大于 3 THz 的频段则显现出多种晶格吸收特性。聚丙烯在太赫兹低频段的平均折射率约为 1.498。

聚 4 -甲基戊烯-1 是基于聚 4 -甲基-1 -戊烯的聚烯烃，外观为无色透明粒状固体,密度为 0.833 kg/m³,是密度最小的热塑性树脂,耐热性优越,熔点为 240℃,具有卓越的电气绝缘性和耐化学品性,比其他聚合物的物理硬度更高。聚 4-甲基戊烯-1 不仅在太赫兹频段是透明的,而且在可见光频段的透过率高达 90%,在紫外光频段的透过率优于玻璃及其他透明树脂。更为重要的是,聚 4-甲基戊烯-1 在太赫兹频段的折射率为 1.457,接近其在可见光频段的折射率,因而在很多准光系统中显现出特殊优势。聚 4-甲基戊烯-1 在太赫兹频段的吸收谱线略高于高密度聚乙烯,但低于聚四氟乙烯。

Picarin(亦称 Tsurupica)是一种由日本理化学研究所(RIkagaku KENkyusho/Institute of Physical and Chemical Research,RIKEN)率先研发的塑料材料,其不仅在太赫兹频段和可见光频段具有高透明度,而且在太赫兹频段和可见光频段的折射率非常相近(约为 1.52),可承受光学加工和抛光打磨,因而适于加工制作透镜等光学元件。

表 1-3 是一些典型聚合物材料在 0.5~3 THz 频率内的折射率平均值以及它们在频率为 1 THz 时的吸收系数。

聚合物名称	折射率 n	吸收系数 α@1 THz/cm^{-1}
LDPE[29,31]	1.51	0.2
HDPE[29,31,33,34]	1.53	0.3
PTFE[29,32,34]	1.43	0.6
PP[29,32,34]	1.50	0.6
TPX[29,30]	1.46	0.4
Picarin	1.52	0.4

表 1-3
典型聚合物材料在太赫兹频段的光学参数[5]

1.3.1.2　典型介质与半导体材料在太赫兹频段的光学特性

由于单元素组成的晶体硅不存在与外部施加电场耦合的偶极矩,因此晶体硅与晶格振动有关的吸收特性主要由二阶(双声子)过程主导。其双声子吸收系数在太赫兹低频段(≤3 THz)约为 0.1 cm^{-1}[35],所以晶体硅在太赫兹频段的透过率很高,而且色散很小,导致晶体硅额外吸收的主要原因是其内部缺陷位置处的自由载流子。在双声子吸收可以忽略的频段,针对高阻硅样品的实验测试表明其吸收系数与电导率成比例,而电导率随载流子浓度呈线性变化。

通常采用区熔法(Floating Zone Method,FZ法,即悬浮区熔法)可以获得载流子浓度非常低(对于 n 型硅,其载流子浓度小于 4×10^{11} cm^{-3})、电阻率高(大于 10 kΩ·cm)的高纯硅。图 1 - 4 是利用区熔法制备的高阻硅在 0.5~4.5 THz 频段的折射率和吸收谱[36],可以看出,其在 3.6 THz 处的吸收峰与内插图(Inset)显示的双声子吸收数值模拟计算谱[35]一致。

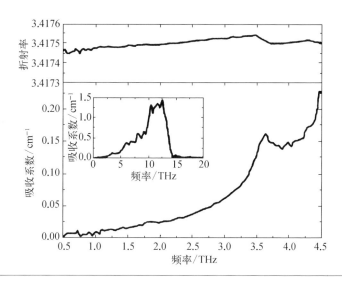

图 1 - 4
区熔高阻硅的折射率与吸收谱(内插图为计算得到的红外频段双声子吸收谱[35,36])

晶体锗具有与晶体硅相同的晶体结构,呈现对称电荷分布,也不存在一阶吸收过程。然而,本征锗具有相对较小的能带带隙(0.66 eV),其电阻率相对较低,仅为 46 Ω·cm,但其室温本征载流子浓度可以达到 2×10^{13} cm^{-3},远高于晶体硅,造成本征锗在 0.2~2 THz 频段的太赫兹波吸收特性主要受德鲁特机制影响。而在 2~10 THz 频段,可以观测到本征锗的特征吸收谱存在中心频率分别位于 3.5 THz、6.0 THz 和 8.5 THz 的多声子谐振[37],因此德鲁特机制在该频段的影响可以忽略。

II - V 族化合物半导体砷化镓(GaAs)具有闪锌矿晶体结构,且属于直接带隙半导体,其价带顶与导带底位于布里渊区同一点,受价带空穴与导带电子直接复合过程的影响,其载流子寿命较短。此外,砷化镓半导体材料具有较高的击穿电压、较快的载流子迁移率,非常符合太赫兹光电导天线对基底材料的要求。表 1 - 4 是砷化镓半导体材料在温度为 300 K 下的主要特性[38]。研究表明,虽然双声子过程亦导致中心频率位于 0.4 THz 和 0.7 THz 等较弱吸收峰,但砷化镓半导体材料在太赫兹频段(0.1~10 THz)的吸收主要与中心频率分别位于 8.1 THz 的长波横向光学(Transverse Optics,TO)声子共振和 8.72 THz 的长波纵向光学(Longitudinal Optics,LO)声子共振有关,且其在太赫兹频段的吸收随频率的升高而逐渐增加。

表 1-4
砷化镓半导体材料的主要特性(300 K)[38]

特 性	性 能 参 数	特 性	性 能 参 数
介电常数(静态)	12.9	击穿电场	4×10^5 V/cm
电子有效质量	$0.056\, m_e$	电子饱和速度	1.27×10^7 m/s
能带间隙	1.43 eV	电子迁移率	$\leqslant 8\,500$ cm$^2 \cdot$ V$^{-1} \cdot$ s^{-1}
本征电阻率	$3.3 \times 10^8\ \Omega \cdot$ cm	空穴迁移率	$\leqslant 400$ cm$^2 \cdot$ V$^{-1} \cdot$ s^{-1}
本征载流子浓度	2.1×10^6 cm^{-3}	热电导率	0.55 W $\cdot$ cm$^{-1} \cdot$ ℃$^{-1}$
导带有效态密度	4.7×10^{17} cm^{-3}	长波 TO 声子共振	8.1 THz
空穴最长寿命	3×10^{-6} s	长波 LO 声子共振	8.72 THz
电子最长寿命	5×10^{-9} s		

常用的砷化镓半导体材料主要有三种:低温生长砷化镓(Low - Temperature - Grown GaAs,LTG - GaAs)、半绝缘砷化镓(Semi-Insulating GaAs,SI - GaAs)和离子注入砷化镓,例如氮离子注入砷化镓(GaAs:N^{3-})。

低温生长砷化镓的外延生长温度一般在 200~250℃,在这个生长温度下制备的砷化镓材料主要有两个好处:一是高水平的结晶度,这会导致砷化镓材料具有更高的载流子迁移率;二是过量的 As^{3+} 在晶体结构中表现为点缺陷,而这些点缺陷作为复合中心,可以有效降低砷化镓材料的载流子寿命[39]。

半绝缘砷化镓可以通过液封切克劳斯基法生长制备[40],通常为了获得具有高信噪比的太赫兹光电导天线,半绝缘砷化镓材料需要尽可能减小载流子寿命,这可以通过不同类型的本征点缺陷(例如砷反位缺陷或者镓空位点缺陷)将额外能级引入带隙而实现[41]。

离子注入砷化镓虽然可以获得与低温生长砷化镓类似的载流子寿命及较高的载流子迁移率,但其本征电阻率很低[42]。

此外,一些典型的光学介质,例如蓝宝石晶体、石英晶体及熔融石英等,虽然它们在太赫兹频段的吸收远高于晶体硅,但是它们在可见光频段的低传输损耗特性对于很多实际应用而言仍然非常有益。由于蓝宝石和石英属于双折射晶体,因而它们对于寻常光(Ordinary Light,o 光)和非寻常光(Extraordinary Light,e 光)呈现的光学常数存在较大差异。熔融石英因为缺少长程有序性,减少了其内部太赫兹场与多模晶格振动的耦合,因此与折射率较小的石英晶体相比,熔融石英在太赫兹频段的吸收大大增强。总体而言,在太赫兹频段,熔融石英、e-蓝宝石和 o-蓝宝石晶体、o-石英和 e-石英晶体等介质的吸收随频率升高而逐渐增大,其中熔融石英、e-蓝宝石和 o-蓝宝石晶体的太赫兹频段吸收系数远高于 o-石英和 e-石英晶体,且随频率升高而迅速增大,而 o-石英和 e-石英晶体的太赫兹频段吸收系数亦高于晶体硅,且随频率升高而有所增大。需要指出的是,已经观测发现 o-石英晶体的一个中心频率位于 3.87 THz 的寻常光强吸收峰[37]。

1.3.1.3 典型导体材料在太赫兹频段的光学特性

金属表面在太赫兹频段的光学特性符合德鲁特机制。由于金属表面在太赫兹频段的反射率接近 1,因此利用金属表面制作反射型太赫兹波器件已被广泛使用,常见的金、银、铜、铝等金属皆可作为反射型太赫兹波器件的表面涂层材料使用。当然,不同金属材料的化学稳定性及其对于太赫兹频段电磁波的反射率存在一定差异。

表 1-5 是典型金属材料的电导率和 1 THz 处的穿透深度,其中穿透深度

$$\delta = \sqrt{2/(\omega\mu_0\sigma_0)} \tag{1-2}$$

式中,ω 是角频率;μ_0 为磁导率;σ_0 为电导率。

表 1-5
典型金属材料
的电导率和穿
透深度[5]

	金	银	铜	铝
电导率 $\sigma_0/(10^6 \text{ S} \cdot \text{m}^{-1})$	45.2	63.0	59.6	37.8
穿透深度 δ@1THz/nm	74.9	63.4	65.2	81.9

不难看出,中心频率位于 1 THz 的电磁波对于常见的金、银、铜、铝等金属材料的穿透深度均小于 100 nm,且穿透深度随入射电磁波中心频率的升高而逐渐

减小。因此,这些常见金属材料用于太赫兹频段电磁波反射器件时,几个微米厚的金属涂层应该足以满足应用需求。

此外,当正入射的电磁波在空气和金属的交界面发生反射时,其折射率可表示为

$$R(\omega) = \left| \frac{\sqrt{\varepsilon_r(\omega)} - 1}{\sqrt{\varepsilon_r(\omega)} + 1} \right|^2 \tag{1-3}$$

式中,复介电常数 $\varepsilon_r(\omega)$ 可表示为

$$\varepsilon_r(\omega) = \varepsilon_b + i\frac{\sigma(\omega)}{\varepsilon_0 \omega} \tag{1-4}$$

式中,ε_b 是弹射电子引起的介电常数变化;ε_0 为真空介电常数;$\sigma(\omega)$ 是德鲁特电导率。

考虑到常见的金、银、铜、铝等金属材料的弛豫时间 τ 大约在 10^{-14} s 数量级,所以在太赫兹频段,$\omega\tau \ll 1$,则德鲁特电导率可简化为

$$\sigma(\omega) = \frac{\sigma_0}{1 - i\omega\tau} \approx \sigma_0 \tag{1-5}$$

这样,式(1-4)可简化为

$$\varepsilon_r(\omega) \approx \varepsilon_b + i\frac{\sigma_0}{\varepsilon_0 \omega} \tag{1-6}$$

而由于在太赫兹频段,$\dfrac{\sigma_0}{\varepsilon_0 \omega} \gg \varepsilon_b$,因此复介电常数实部 ε_b 的影响可以忽略,式(1-3)可简化为

$$R(\omega) \approx 1 - \sqrt{\frac{8\varepsilon_0 \omega}{\sigma_0}} \tag{1-7}$$

当然,如果考虑复介电常数实部 ε_b,式(1-6)可近似为[5]

$$\varepsilon_r(\omega) \approx -\frac{\sigma_0 \tau}{\varepsilon_0} + i\frac{\sigma_0}{\varepsilon_0 \omega} \tag{1-8}$$

由式(1-7)不难看出,金属材料在太赫兹频段的反射率随着入射电磁波中心频率的升高而逐渐减小。

需要指出的是，对于太赫兹频段应用而言，透明导体是一类非常有趣的材料，例如常见的铟锡氧化物（Indium Tin Oxide，ITO），其可见光传输效率高达95%，电导率可达 10^6 S·m^{-1}。也就是说，对于中心频率为 1 THz 的正入射电磁波而言，ITO 的反射率可以达到 98%，穿透深度约为 500 nm。因此，如果在玻璃基底上涂覆薄的 ITO 涂层，即可实现可见光高效透射而太赫兹波高效反射的二色镜器件，这在太赫兹频段具有非常特殊的应用价值。

1.3.1.4　人工电磁超材料在太赫兹频段的光学特性

人工电磁超材料（Metamaterial，MM）是一类具有自然界天然材料不具备的奇异电磁特性的新颖人工材料，通过人工设计制作周期性排列的单元尺寸在亚波长量级的微结构阵列（图 1-5）获得所需的超常介电常数 ε 和磁导率 μ，实现自然界天然材料不具备的奇特电磁特性[43]，例如负折射率[44,45]、完美吸收[46]等。

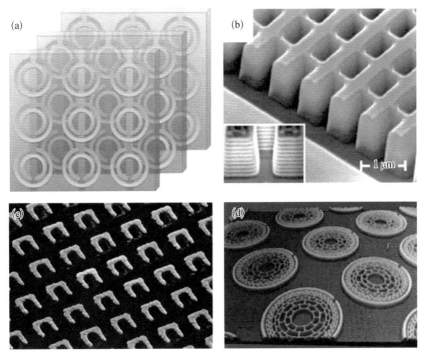

图 1-5
典型的超材料
结构[47-50]

（a）同心开口谐振环与金属线结构组成的具有电响应和磁响应的超材料；（b）光学波段超材料；（c）双层手性超材料；（d）超导材料组成的磁性超材料

对于自然界的天然材料而言,其电磁特性主要受组成材料的原子类型及排列方式等因素的影响,而对于人工电磁超材料,其电磁性能主要由其亚波长单元结构特性(例如单元形状、尺寸、周期等)决定,因此可以将人工电磁超材料的单元结构看作电磁响应特性可调控的"人工原子(Meta-atom)",如图1-6所示。通过对其亚波长单元结构进行合理设计和参数优化,可以获得工作在电磁波谱特定频段、具有不同电磁特性的人工电磁响应材料,而通过对其亚波长单元结构的材料及组分的选择,还可以实现被动式或主动式的电磁响应功能。

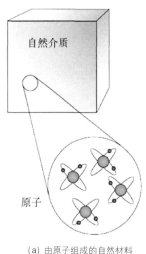

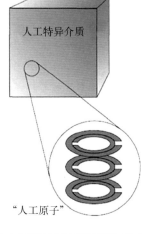

(a) 由原子组成的自然材料　　　(b) 由人工设计的"人工原子"单元组成的超材料　　图1-6

1968年,苏联物理学家V. G. Veselago提出了获取材料介电常数和磁导率同时为负值的理论,并理论构造了一种介电常数和磁导率同时为负的负折射率奇异材料[51]。随后,通过设计周期排列的金属细线结构及金属开口谐振环(Split Ring Resonator, SRR)结构,英国帝国理工学院的J. B. Pendry等先后分别实现了微波频段的负介电常数[52]和负磁导率[53]。2000年,美国的D. R. Smith等将周期排列的金属细线与金属开口谐振环结合,在微波频段率先实现了介电常数和磁导率同时为负的负折射率材料[54]。从此,人工电磁超材料研究引起了全球科研人员的广泛重视,获得了迅猛发展,已被研究证实从射频[55]到近红外[56],乃至可见光频段[57]都是可以实现的。

随着人工电磁超材料研究的不断深入,其概念也在不断发生变化。除了包含负折射率特性材料以外,人们还将折射率极高或者接近零的材料归入人工电磁超材料范畴[58,59]。同时,大量研究发现人工电磁超材料具有很多潜在应用,例如完美透镜[60]、电磁隐身[61]、滤波器[62]、吸波器[63]等。最近几年,作为人工电磁超材料研究的前沿方向,属于二维超材料结构的超表面(Metasurface)因为可以有效调控电磁波的相位、偏振及传播模式等参量[64-66]而越来越受到科研人员的高度关注。

然而,由于自然界的天然材料很难在太赫兹频段产生有效的电磁响应,致使在研制太赫兹频段功能器件、实现太赫兹波有效操控等方面遭遇诸多困难,限制了太赫兹波技术和应用的快速发展,需要开辟新的创新思路应对太赫兹频段天然材料匮乏的现实难题。人工电磁超材料的出现弥补了太赫兹频段天然电磁响应材料的匮乏,可以有效控制太赫兹波的振幅、相位、偏振及传输特性[67-71],为实现太赫兹频段功能器件提供了一条有效途径,有望从根本上突破太赫兹波技术的发展瓶颈。近年来,随着微纳加工工艺的成熟,不同频段的人工电磁超材料被相继提出并实现,太赫兹频段的人工电磁超材料研究尤其引人注目。

2004年,英国帝国理工学院的J. B. Pendry等利用周期排列的金属开口谐振环阵列结构制备出太赫兹频段的磁响应人工电磁超材料[72],可用于设计太赫兹频段的人工电磁超材料滤波器、调制器及吸波器,开创了人工电磁超材料在太赫兹频段的研究及应用;美国的H. T. Chen等通过设计以n型砷化镓作为调控层的人工电磁超材料结构,实现了对太赫兹波透过振幅的调控[48];德国的J. Neu等提出了太赫兹频段宽频带人工电磁超材料梯度折射率透镜,可以将太赫兹波束聚焦到直径只有单波长尺度[73]。在国内,越来越多的科研人员致力于太赫兹超材料功能器件的研究工作。东南大学T. J. Cui等设计制备了太赫兹频段的人工电磁超材料宽频带吸波器,可以在0.81~1.32 THz实现大于95%的吸收[74];天津大学W. L. Zhang等提出了太赫兹频段的高效超表面透镜[75],并应用于太赫兹波成像;中国科学院西安光学精密机械研究所W. H. Fan等提出并优化设计了太赫兹频段的人工电磁超材料超高灵敏度传感器[76,77]。近年来,太赫兹频段人工电磁超材料及其功能器件的研究取得了很多重要的理论和实验成果,在一定程度上克服了太赫兹频段电磁响应材料和功能器件相对匮乏的问题,成为研制太赫兹频段功能器件的重要手段,显示了人工电磁超材料在太赫兹波技术发展中的巨大潜力。

尽管如此,目前太赫兹频段人工电磁超材料功能器件的研究仍处于实验室阶段,距离实际应用还存在一定差距。这是因为目前大多数的太赫兹频段人工电磁超材料功能器件都由金属材料(金、银、铜、铝等)构成,存在一些亟待解决的问题:

(1)金属材料的欧姆损耗将太赫兹波的电磁能不可逆地转化为热能,导致器件性能和效率降低;

(2)金属超材料主要依靠周期性排列的结构单元产生的谐振效应实现各自功能,而在谐振频率处的较高色散使得金属超材料的工作带宽较窄,限制了器件的应用范围;

(3)金属超材料功能器件都是被动式的,一旦设计制备成型,其工作频率就固定不变,想要调控工作频率只能对其周期性排列的结构单元重新进行设计加工,增加了研究成本和烦琐程度。

1.3.1.5　光子晶体材料在太赫兹频段的光学特性

E. Yablonovitch[78]和 S. John[79]分别于 1987 年独立提出了光子晶体(Photonic Crystal)的概念,这是一类由不同折射率的电介质材料周期性排列而形成的人工微结构材料,具有光子带隙(Photonic Band-Gap,PBG)特性(指某一频率的电磁波不能在此周期性结构中传播,即这种结构存在"禁带"),因而也称其为 PBG 光子晶体结构。

从材料结构看,光子晶体是一类在光学尺度上具有周期性介电结构的人工设计和制备的晶体。与半导体材料晶格对电子波函数的调制相似,光子带隙材料能够调制具有相应波长的电磁波。当电磁波在光子带隙材料中传播时,由于存在布拉格散射而受到调制,电磁波能量形成能带结构。能带与能带之间出现带隙,即光子带隙,能量处在光子带隙内的光子不能进入该晶体。光子晶体和半导体在基本模型和研究思路上有许多相似之处,原则上可以通过设计和制造光子晶体及其器件,达到控制光子运动的目的。

光子晶体(又称光子禁带材料)的出现,使人们操纵和控制光子的梦想成为可能。简单地说,光子晶体具有波长选择的功能,可以有选择地允许某个频段的电磁波通过而阻止其他频段的电磁波通过。由于这种结构的周期尺寸与"禁带"中心频率对应的波长可比拟,所以虽然光子晶体的概念最初是在光学领域提出的,但这种结构在微波波段比在光波波段更容易实现,因而它的研究范围已扩展到比光波波段波长更长的太赫兹波、微波与声波波段。由于光子晶体周期性微结构的单元尺寸通常对应于可调控电磁波的波长量级,因此对于实现不同频段电磁波调控的光子晶体而言,其微结构的周期尺寸通常需要满足亚微米(可见光频段)、微米-毫米(红外-太赫兹频段)、毫米-厘米(微波频段)量级。而按照光子晶体的光子禁带在空间中所存在的维数,可以将其分为一维光子晶体、二维光子晶体和三维光子晶体,如图1-7所示。

图1-7
光子晶体(一维为1-D,二维为2-D,三维为3-D;不同颜色代表不同折射率的电介质)

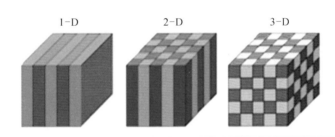

由图1-7可以明显看出结构周期性的存在,而且三维光子晶体的结构与普通硅晶体结构很相似。高低折射率的材料交替排列形成周期性结构就可以产生光子晶体带隙(Band Gap,类似于半导体材料中的禁带),而周期排列的低折射率位点之间的距离大小相同,导致具有一定周期距离结构的光子晶体只对一定频率的电磁波产生能带效应,也就是只有某种频率的电磁波才会在某种周期距离一定的光子晶体中被完全禁止传播。如果只在晶体材料的一个方向存在周期性结构,那么光子带隙只能出现在这个方向;如果在三个方向都存在周期结构,那么可以出现全方位的光子带隙,特定频率的电磁波进入光子晶体后将在各个方向都禁止传播,这是光子晶体一个最重要的特性。图1-8是具有光子晶体结构的孔雀翅膀及其翅膀五颜六色鳞粉的亚微米微结构。图1-9是具有光子晶体结构的蝴蝶(左)及其彩色翅膀鳞粉的亚微米微结构(右)。

表1-6是常规晶体(某种意义上也称为电子晶体)、光子晶体和声子晶体的主要特性。

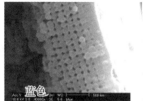

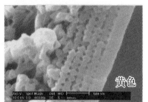
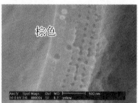

图 1-8
具有光子晶体结构的孔雀翅膀及其翅膀鳞粉的亚微米微结构

图 1-9
具有光子晶体结构的蝴蝶(左)及其翅膀鳞粉的亚微米微结构(右)

	常规晶体	光子晶体	声子晶体
晶体结构	结晶体(自然或生长)	两种(或以上)介电材料构成的周期性结构	两种(或以上)弹性材料构成的周期性结构
调控对象	电子输运(费米子)	电磁波传播(玻色子)	机械波传播(玻色子)
典型参量	普适常数 原子数	各组元的介电常数	各组元的质量密度 声波波度
晶格常数	0.1~0.5 nm	$1\ \mu m \sim 1\ cm$	$1\ mm \sim 1\ m$
结构尺度	原子尺度	电磁波波长	声波波长
波	德布罗意波(电子)	电磁波(光子)	机械波(声波)

表 1-6
常规晶体、光子晶体和声子晶体的主要特性

	常规晶体	光子晶体	声子晶体
偏振	自旋↑,↓	横波	横波与纵波的耦合
波动方程	薛定谔方程	麦克斯韦方程	弹性波波动方程
主要特征	电子禁带,缺陷态,表面态	光子禁带,局域模式,表面态	声子禁带,局域模式,表面态

因为特定频率的电磁波可以被禁止在特殊设计的光子晶体带隙中传输,所以通过光子晶体能够自由控制电磁波的行为。例如,如果考虑引入一种电磁波辐射层,该层产生的电磁波与光子晶体的光子带隙频率相同,那么依据"产生电磁波的频率和光子晶体带隙频率相同,则禁止该电磁波出现在该带隙中"的原则就可以避免该电磁辐射的产生,也就可以控制不可避免的自发辐射产生。而如果通过引入缺陷破坏光子晶体的周期结构特性,那么在光子带隙中将形成相应的缺陷能级,这样就只有特定频率的电磁波才可以在这个缺陷能级中出现,这可以用来制造单模发光二极管和零阈值激光发射器。而如果产生了缺陷条纹,即沿着一定的路径引入缺陷,那么就可以形成一条电磁波的通路,类似于电流在导线中传播,而只有沿着"光子导线"(即缺陷条纹)传播的光子得以顺利传播,其他任何试图脱离"光子导线"的光子都将被完全禁止,这样理论上就实现了一条无任何损耗的电磁波通路,这种通路甚至比光纤更有效。

1.3.2 太赫兹频段的典型光学器件

1.3.2.1 聚焦器件

离轴抛物面反射镜(Off-Axis Parabolic Mirror, OAPM)是广泛应用于太赫兹频段电磁波束聚焦和准直的器件,其反射表面通过切除部分抛物面反射器形成,通常根据需要反射电磁波的频段特性而涂覆不同的金属薄膜,例如金、铜、铝等,这些金属在太赫兹频段的反射率接近 99%[80,81]。与传统的透镜相比,反射型器件的一个显著优势是由表面反射和材料吸收引起的损耗很小,因而其适用的电磁波频段非常宽,可以兼顾太赫兹频段、红外频段和可见光频段,不存在光谱偏差。而且抛物面反射镜不存在球面偏差,可以将一束平行的电磁波聚焦到一点或者将从点源发射的电磁波高度准直,这对于太赫兹频段的准光系统而言是一个非常重要的特性。然而,由于离轴抛物面反射镜的位置对于散射光和其他校准错误很敏感,因而在实际应用过程中需要高精度的调试与校准。

此外,对于太赫兹光电导天线辐射源而言,由于在半导体材料衬底和空气之间存在介质交界面,因而太赫兹光电导天线辐射源产生太赫兹波的实际辐射情况比偶极子在自由空间的辐射情况复杂得多。因为太赫兹光电导天线辐射源的瞬态光电流产生于沉积有金属电极的天线结构交界面之下,导致出射到自由空间的太赫兹辐射高度分散,因此需要紧贴利用太赫兹光电导天线辐射源的衬底透镜高效收集和准直出射的太赫兹波。通常,衬底透镜采用高阻硅材料制成,其折射率与典型的衬底材料良好匹配,且在太赫兹频段的线性吸收极低,以至于几乎可以忽略其在太赫兹频段的色散,而且易于进行高品质元器件的加工制作。

准直透镜和超半球形透镜是常用的衬底透镜,虽然射线追踪分析方法可能过于简化了从衬底透镜出射的实际太赫兹辐射方向,但大多数情况下射线追踪分析方法还是被应用于衬底透镜的具体设计或提供参考。

对于准直透镜,其焦点位置与准直透镜顶端的距离满足[5]

$$d_{\text{coll}} = R\left(1 + \frac{1}{n-1}\right) \tag{1-9}$$

式中,n 为准直透镜材料的折射率;R 是准直透镜的半径。由于在太赫兹频段内,高阻硅的折射率为 3.418[82],所以高阻硅准直透镜的 $d_{\text{coll}} \approx 1.414R$。

需要说明的是,由于太赫兹光电导天线的偶极子辐射源通常位于准直透镜的焦点,根据射线追迹可知其光轴附近存在一个几乎准直的输出光束。当内入射角 θ 接近全内反射临界角 $\theta_c = \sin^{-1}(1/n)$ 时,输出的光线经过强折射而造成严重的光线发散。而在更大的辐射角度时,透镜中的内反射造成太赫兹光电导天线的偶极子辐射源出射的太赫兹波被完全捕获在透镜内部。因此,准直透镜全内反射的临界角决定了准直透镜的有效通光口径。

根据光线追迹法可知,辐射角 ϕ(辐射光线与透镜光轴的夹角)与内入射角 θ(辐射光线与透镜镜面法线的夹角)满足[5]

$$(d - R)\sin\phi = R\sin\theta \tag{1-10}$$

则临界辐射角为

$$\phi_{\mathrm{c}} = \sin^{-1}\left(\frac{R}{d-R}\sin\theta_{\mathrm{c}}\right) = \sin^{-1}\left(\frac{n-1}{n}\right) \tag{1-11}$$

因而高阻硅准直透镜的临界辐射角为 $45°$。

对于超半球透镜,其焦点位置与超半球透镜顶端的距离满足[5]

$$d_{\mathrm{hyper}} = R\left(1 + \frac{1}{n}\right) \tag{1-12}$$

因此,高阻硅超半球透镜的 $d_{\mathrm{hyper}} \approx 1.293R$。由于超半球透镜的临界辐射角 $\phi_{\mathrm{c}} = \sin^{-1}\left(n \cdot \frac{1}{n}\right) = 90°$,即超半球透镜不存在内反射损耗。当辐射角 $\phi = 90°$ 时,太赫兹光电导天线的偶极子辐射源出射的太赫兹波以与透镜光轴夹角 $\varphi = 17°$ 出射透镜,因而输出的太赫兹波束以 $34°$ 的锥角发散出射。

对于其他要求不高的一般应用太赫兹频段透镜而言,通常可选取低损耗的高阻硅、聚乙烯、聚四氟乙烯及 Tsurupica 等材料,采用射线追踪分析方法,仿照可见光频段透镜进行设计和加工制作。

1.3.2.2　抗反射涂层

由于太赫兹频段器件采用的大多数低损耗介质和半导体材料在太赫兹频段具有相对较大的折射率,因而菲涅耳损耗或反射损耗成为太赫兹频段光学系统的主要损耗机制,而抗反射(Anti-Reflection,AR)涂层可以大幅度降低菲涅耳损耗。

单层抗反射涂层需要满足两个条件。首先,当波束正入射时,两个交界面的反射系数必须相等[5],即

$$\frac{1-n_{\mathrm{c}}}{1+n_{\mathrm{c}}} = \frac{n_{\mathrm{c}}-n}{n_{\mathrm{c}}+n} \tag{1-13}$$

式中,n_{c} 为抗反射涂层材料折射率;n 为衬底材料折射率。

由此可知

$$n_{\mathrm{c}} = \sqrt{n} \tag{1-14}$$

其次,为了实现抗反射目的,需要两束反射波实现相消干涉,因而抗反射涂层中的有效光程必须是入射波的半波长,即抗反射涂层厚度 d 应满足

$$d = \frac{\lambda}{4n_c} \qquad (1-15)$$

式中,λ 为波长。

截至目前,已有一些应用于太赫兹频段的抗反射涂层技术。一种是利用热键合技术在石英、蓝宝石及氟化钙表面形成聚乙烯($n \approx 1.5$)抗反射涂层[83],主要是将聚乙烯薄膜与石英、蓝宝石及氟化钙等衬底材料物理连接,然后加热至略低于聚乙烯熔点的温度。另一种具有应用前景的太赫兹频段抗反射涂层材料是氧化硅,其折射率($n=2$)接近锗($n=4$)和砷化镓($n=3.6$)折射率的平方根。利用这种材料的太赫兹频段的抗反射涂层通常是将氧化硅平面粘贴在锗或砷化镓材料基片上,然后通过机械打磨控制氧化硅厚度[84]。

此外,采用外延生长技术可以精确控制抗反射薄膜的厚度,但对于太赫兹频段的抗反射涂层而言,因为需要的薄膜厚度在 $10 \sim 100~\mu m$,远远超过了典型的外延生长技术能够达到的厚度。随着等离子体增强化学气相沉积(Plasma Enhanced Chemical Vapor Deposition,PECVD)技术的发展,薄膜生长速度有了突飞猛进的提高,目前该技术已应用于在锗晶片表面生长 SiO_x 的抗反射涂层[85]。

采用单层抗反射涂层的缺点是其抗反射带宽很窄,这可以通过采用多层干涉薄膜以获得宽的抗反射带宽。目前,等离子体增强化学气相沉积技术也已经被应用于在锗基片表面生长多层的抗反射涂层[86]。

1.3.2.3 带通滤波器

薄金属网栅通常被用作太赫兹频段的带通滤波器,其光学特性主要由金属和介质交界面的表面等离极化激元(Surface Plasmon Polariton,SPP)特性决定。表面等离极化激元是由导电介质和绝缘介质分界面的自由电子集体振荡产生的一种表面波,仅在金属和电介质的界面上传播,其形成的波浪状表面电荷密度分布与交界面的电磁波模式密切相关,且电场随着与表面的距离增大呈指数衰减。表面等离极化激元具有更好的空间局域性和更高的局部场强,其电场垂直于金

属表面且具有亚波长局域性。表面等离极化激元会在界面上传播,直至其能量由于金属的吸收或者向其他方向的散射而消耗殆尽,例如向自由空间的散射等。表面等离极化激元相关物理机制的研究和应用使得应用于显微科学的亚波长光学和突破衍射极限的光刻技术成为可能。

人们对表面等离极化激元在光频段应用的兴趣极大,因为光频段的表面波模式通常限制在亚波长量级范围内,这将带来纳米级的空间分辨率和显著的电场增强效应。然而,亚波长约束只能在等离子体频率附近获得,对于大多数金属而言,等离子体频率通常在紫外频段。为了克服这个局限,太赫兹频段的表面等离极化激元器件通常采用特殊设计的结构表面实现表面模式的定位和控制,其结构的电磁响应采用等效介电常数和等效磁导率进行描述。也就是说,通过针对性地设计结构化表面,可以在太赫兹频段获得完全或主要由器件结构的几何尺寸决定的等效等离子频率,而不是通常只能由构成器件的衬底材料的内在特性决定。其实这个方法适于任何形状的结构化表面,而且还可以具有谐振增强传输特性,因而可以通过结构化表面设计将等效等离子频率调谐到感兴趣的辐射频率附近,实现所需的带通滤波特性和频谱调制功能。

1.3.2.4 偏振器件

在太赫兹频段,通常采用金属线栅作为偏振器件。当电磁波入射到金属线栅偏振器表面,电场振动方向与线栅平行的电磁波则如同遇到典型的金属表面而形成反射,而电场振动方向与线栅垂直的电磁波可以顺利通过,因此通常可采用金属线栅器件实现电磁波的偏振选择、控制反射或透射的分束功能。

鉴于金属钨具有很高的张力强度和优异的抗腐蚀性,因而通常采用钨制作金属线栅偏振器件,线栅直径 a 大约为 $10~\mu m$,线栅周期 g 一般在 $20\sim200~\mu m$。电磁波的分束比(反射率/透过率)随着线栅周期 g 的减小而增加,但反射电磁波的截止频率随着线栅周期 g 的减小而降低。例如,对于线栅直径 $a=10~\mu m$、线栅周期 $g=25~\mu m$ 的金属线栅偏振器而言,$1~THz$ 的反射率约为 98%,分束比可达 $1~000$,而 $3~THz$ 的反射率约为 95%,分束比大约为 200。

1.3.2.5　波片器件

波片是一种控制电磁波偏振态的器件。例如双折射晶体对于不同的偏振态而呈现不同的折射率(寻常折射率 n_o 和非寻常折射率 n_e),因而可以通过晶体的双折射特性改变入射电磁波的偏振态。

具体地,当两束偏振方向分别平行于寻常光(o 光)轴和非寻常光(e 光)轴的单色波在双折射晶体中传输了距离 d 时,它们之间的相位延迟 $\Delta\varphi$ 为

$$\Delta\varphi = \frac{\omega}{c}(n_e - n_o)d \qquad (1-16)$$

因此,如果选择作为波片的双折射晶体的厚度 d 为入射电磁波波长的一半,则产生的相位延迟为 π,即通过调节光轴与入射单色波偏振方向之间的相对角度,入射的线偏振单色波的偏振方向可从 $0°$ 到 $90°$ 旋转。如果选择作为波片的双折射晶体的厚度 d 为入射电磁波波长的四分之一,则产生的相位延迟为 $\pi/2$,这种波片可将入射的线偏振单色波变成圆偏振。而如果选择作为波片的双折射晶体的厚度 d 介于入射电磁波波长的四分之一和二分之一之间时,则可获得不同的椭圆偏振状态。

石英晶体是一种性能优良的波片材料,其在太赫兹频段不仅具有很强的双折射特性,而且透明度很高。表 1-7 是石英晶体在太赫兹频段的寻常折射率 n_o 和非寻常折射率 n_e[82]。

	0.5 THz	1.0 THz	1.5 THz	2.0 THz
n_o	2.107	2.109	2.111	2.115
n_e	2.154	2.155	2.158	2.162

表 1-7 石英晶体在太赫兹频段的寻常折射率 n_o 和非寻常折射率 n_e

然而,基于晶体双折射特性的波片存在的一个主要缺陷就是通常只适用于单一波长。在需要适应较宽波段情况时,可以通过堆叠多层石英晶片的方法制作波片。例如,一种太赫兹频段的无色差 1/4 波长波片由 6 层石英晶片组成,从 0.3 THz 到 1.7 THz 具有几乎平坦的相位延迟[87]。另一种增加波片带宽的方法是通过调节外加偏置电压控制液晶的双折射特性,实现液晶波片在 1 THz 时的相位延迟从 0 到 $\pi/2$ 连续可调[88]。

1.4 太赫兹波时域波谱技术

太赫兹频段的电磁波谱包含了丰富的物理和化学信息,太赫兹波谱技术能够提供与物质材料分子结构有关的大量信息,因为许多分子的转动频率、官能团的振动模式和生物大分子的谐振频率都处在太赫兹频段。另外,太赫兹频段也覆盖了电子材料的低能激励、凝聚态介质的低频振动模式、固体材料的声子和磁振子、等离激元及液体分子振动等对应的频谱范围。因此,研究太赫兹波谱技术对于基础研究具有非常重要的学术意义。

20世纪80年代,AT&T、贝尔实验室和IBM公司的 T. J. Watson 研究中心相继发展了一种崭新的相干测量技术——太赫兹波时域波谱(Terahertz Time - Domain Spectroscopy,THz - TDS)技术[89,90]。

太赫兹波时域波谱技术的基本原理是利用飞秒脉冲探测带有被测物信息的太赫兹波时域电场强度,将得到的太赫兹波时域波形进行快速傅里叶变换(Fast Fourier Transform,FFT),可以获得太赫兹波的强度及相位信息,通过对这些信息进行分析处理,最终可获得被测物质的折射率及吸收系数等信息。

图1-10给出了典型的透射式太赫兹波时域波谱系统的原理示意,该系统主要由飞秒激光器、太赫兹发射器、太赫兹探测器和延迟线等组成。具体地,飞秒激光器输出的飞秒激光脉冲被分束镜分成两束,其中能量较大的一束飞秒激光脉冲作为泵浦光激发太赫兹发射器产生脉冲太赫兹波,经四个离轴抛物面镜组成的共焦光路后聚焦在太赫兹探测器上;能量相对较小的一束飞秒激光脉冲作为探测光,与携带样品信息的脉冲太赫兹波汇合后共线入射到太赫兹探测器。通过精确调节延迟线,改变作为探测光的飞秒激光脉冲与脉冲太赫兹波之间的相对时间延迟,就可以获得脉冲太赫兹波的时域波形。

太赫兹波时域波谱技术是太赫兹波技术应用最为成功的范例之一,已经成为研究物质在太赫兹频段物理化学特性的重要工具,引发了国内外学者的广泛研究。

2000年,Walther等利用太赫兹波时域波谱技术研究了视网膜细胞的三种

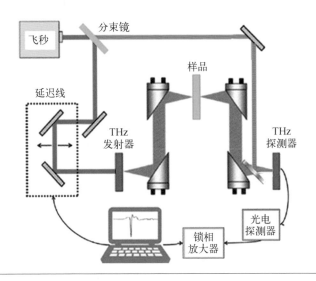

图 1-10
透射式太赫兹波时域波谱系统原理示意

同分异构体[91]，发现这三种生物分子在太赫兹频段显现出不同的特征吸收峰；Rønne 等采用太赫兹波时域波谱技术分析了液态水在太赫兹频段的吸收系数和折射率[92]，发现温度越高，水分子的吸收系数及折射率越大，说明物质的太赫兹特征吸收谱对于温度异常敏感，另外，研究发现温度越高，水分子的弛豫时间越小，水分子的相互作用越强烈。2002 年，Fischer 等研究了胸腺嘧啶、胞嘧啶、鸟嘌呤及腺嘌呤核酸和核苷在 0.5~4 THz 的吸收谱[93]，发现不同的核酸和核苷在太赫兹频段的吸收系数及折射率区别很大。2003 年，Walther 等对葡萄糖、果糖和蔗糖在 0.5~4 THz 的吸收谱进行了测试[94]，发现同分异构的葡萄糖和果糖显现了不同的特征吸收峰；对比葡萄糖在多晶态和无定形态下太赫兹频段吸收谱的异同，发现其吸收峰主要来源于葡萄糖分子间的相互作用；通过对蔗糖在0.5~2.5 THz 的两个吸收峰进行不同温度（10~300 K）研究，发现范德瓦尔斯力和氢键在不同温度下的主导地位决定了吸收频谱的蓝移和红移。2005 年，Shi 等研究了 α-甘氨酸和 γ-甘氨酸在 0.5~3 THz 的特征吸收谱，可用于辨别这两种同分异构体物质[95]；Yamaguchi 等研究了旋光性不同的 L-丙氨酸、D-丙氨酸和 DL-丙氨酸[96]；Yu 等在 0.4~2 THz 测试了 14 μm 厚的水分子薄膜，发现一个中心频率位于 1.56 THz 的明显吸收峰，进一步结合理论研究发现，该吸收峰来源于水分子笼状结构中氢键的弯曲作用[97]；Nishizawa 等测试了核酸及其相关分子在 0.4～5.8 THz 内的吸收峰[98]。2006 年,Korter 等研究了结构近似的半胱氨酸和丝氨酸在液氮和室温条件下的太赫兹吸收谱,发现分子内一个原子的差异引起的分子间作用力变化是导致半胱氨酸和丝氨酸太赫兹吸收谱不同的主要原因[99];Fedor 等测试了 7 -氮杂吲哚的环己烷溶液在 5～165 cm^{-1} 内的吸收谱,并通过运用密度泛函理论进行分析,发现中心频率位于 76 cm^{-1} 的特征吸收峰来源于二聚物分子间的相互作用[100]。2007 年,Fan 等利用超宽频谱太赫兹波谱测试系统获得了环三亚甲基三硝胺、三硝基甲苯及季戊四醇四硝酸酯炸药在 0.3～7.5 THz 的吸收峰[18],实验发现,这三种强力炸药在太赫兹频段的特征吸收峰明显不同;Liu 等利用太赫兹频段的吸收峰辨别了葡萄糖和一水葡萄糖,详细研究了一水葡萄糖在太赫兹频段加温后的脱水过程[101];Jepsen 等研究了低温蔗糖的太赫兹吸收谱,并运用密度泛函赝波理论(Density Functional Perturbation Theory,DFPT)进行了数值模拟,结果表明,蔗糖的吸收峰是分子内与分子间振动模式的结合,而分子内振动贡献大约为 20%[102]。2008 年,Korter 等研究了二吡啶酚的环己烷溶液的太赫兹吸收谱,发现中心频率位于 109 cm^{-1} 的强吸收峰源于 2 -吡啶酚二聚物面内分子间的摇摆[103];Davies 等测试了一系列毒品、纯炸药和塑料炸药的太赫兹吸收谱[8]。2009 年,Hakey 等研究了麻黄素在 8～100 cm^{-1} 的太赫兹吸收谱,理论分析发现,实验测试获得的 7 个特征吸收峰来源于麻黄素分子的 13 个振动模式,其中有 9 个模式属于分子间振动[104];Hooper 测试了烈性炸药 β -奥克托今在 0.1～3.6 THz 的吸收峰,固态理论模拟与测试结果取得了很好的一致性(理论计算 1 THz 的折射率为 1.68,实验测试折射率为 1.71[105]);Ashworth 等研究了健康和癌变情况下的乳房细胞在太赫兹频段的吸收系数及折射率,实测发现,癌变细胞相较于正常细胞显示了较大的吸收系数和折射率[106]。2010 年,Konek 等测试了 α -奥克托今、γ -奥克托今和 β -奥克托今三种同分异构体,并对其太赫兹特征吸收峰进行了指认[107]。2011 年,King 等研究了 S -布洛芬和 RS -布洛芬在 10～90 cm^{-1} 的太赫兹吸收谱,并运用密度泛函方法对这两种物质的分子结构和振动模式进行了模拟分析[108];Yamaguchi 等测试了苯甲酸的四氯化碳溶液的太赫兹吸收谱,发现在 68 cm^{-1} 附近存在一个大的吸收包络,理论分析发现,实验测试获得的吸收峰来源于二聚物分子间氢键的齿轮相互作用[109]。2012 年,Fan 等实验测试了属于同分异构体的邻苯二酚、间苯二酚和对苯二酚在太赫兹频段的特征吸收峰[110],对这三种同分异构体进行了有效区分,进一步数值模拟和理论分析表明,邻苯二酚和间苯二酚在太赫兹频段的特征吸收峰来源于分子间相互作用。

鉴于太赫兹波谱具有低能性、宽带性、高灵敏度等优点,越来越多的课题组将其列为主要研究对象。在国外,丹麦的 Jepsen 课题组、英国的 Taday 课题组与 Davies 课题组、美国的 Korter 课题组、日本 Yamamoto 课题组均以太赫兹波谱技术研究为主。在国内,中国科学院西安光学精密机械研究所、首都师范大学、中国科学院物理研究所、中国科学院上海应用物理研究所、浙江大学等利用太赫兹波时域波谱技术也对很多有机分子的太赫兹波谱进行了实验测试和理论分析。

在太赫兹波时域光谱技术出现以前,傅里叶变换红外光谱(Fourier Transform Infrared Spectroscopy, FTIR)技术是在远红外区应用最普遍的光谱技术。表 1-8 是太赫兹波时域光谱技术和傅里叶变换红外光谱技术的一些主要特点对比。相对于传统的傅里叶变换红外光谱技术,太赫兹波时域波谱技术具有以下显著特点。

表 1-8 太赫兹波时域波谱技术和傅里叶变换红外光谱技术主要特点对比[111]

	THz-TDS	FTIR
频谱范围/THz	0.1~10	全光谱
优势范围/THz	0.1~10	>10
测量物理量	电场强度	光强
时间分辨率	皮秒	纳秒
相干测量	相干	非相干

(1)太赫兹波时域波谱技术属于一种崭新的相干测量技术,可以直接获得样品的太赫兹电场振幅(功率)和相位信息,进而提取样品的吸收系数和折射率等参数。而传统的傅里叶变换红外光谱技术属于非相干测量技术,只能得到样品材料的功率谱,需要进行克拉默斯-克勒尼希变换(Kramers-Kronig Transformation)才能获得样品的折射率。

（2）太赫兹波时域波谱技术通常采用超短脉冲激光实现太赫兹波的产生与探测，产生的太赫兹波场强远大于采用傅里叶变换红外光谱技术，而且测试结果的信噪比和测试系统的稳定性都优于采用傅里叶变换红外光谱技术，因此太赫兹波时域波谱技术能够有效地抑制背景辐射噪声的干扰，即使在较强的背景噪声下，仍可以进行太赫兹波谱测量。

（3）太赫兹波时域波谱技术使用的探测器可以在室温工作，不需要低温冷却，操作方便，而且太赫兹波时域波谱技术的动态测量范围高于傅里叶变换红外光谱技术，因此利用太赫兹波时域波谱技术可以对物质的光学常数进行更高精度测量。

由于太赫兹波时域波谱技术采用相干探测方法，因而在实际测试应用中具有很高的信噪比，而且超短脉冲激光产生的太赫兹波脉冲的宽度在皮秒量级，可用于进行高时间分辨研究。20世纪90年代初期，太赫兹波时域波谱技术首先开始尝试在材料及物理领域的应用；20世纪90年代末期，很多学者开始尝试太赫兹波时域波谱技术在化学及医学等方面的应用。总体而言，在材料研究方面，利用太赫兹波时域波谱技术可以研究半导体材料内部微观的电子运动，例如电子跃迁及电子间碰撞等；在生物化学方面，由于许多生物或化学大分子的平动、振动和转动跃迁均处于太赫兹频段，因而太赫兹波时域波谱技术亦可用于研究生物或化学分子的结构特性；在安全领域，由于太赫兹波可穿透塑料和布等非极性物质，因而很多危险品和违禁品可以利用太赫兹波时域波谱技术进行检测及监测。

目前，美国、欧洲和日本等许多研究太赫兹波技术的相关公司已经推出了商业化的太赫兹波时域光谱系统（简称太赫兹波时域光谱仪），其中技术和产品比较成熟的主要有英国 TeraView 公司、瑞士 Rainbow Photonics 公司、日本 ADVANTEST 公司、德国 BATOP GmbH 公司和美国 Picometrix 公司等，这些商品化的太赫兹波时域光谱仪在食品、安检及工业检测等实际应用方面已经开始崭露头角。

英国 TeraView 公司是目前太赫兹波技术领域最大的模块产品开发商，已经在相关领域部署了一百多套太赫兹波测量设备。图 1-11 是 TeraView 公司的太赫兹波时域波谱设备 TeraPulse 4000，这是一款兼具透射和反射测量能力的便携式设备。同时,该设备能够兼容目前 TeraView 公司所有的成像与光谱模块和附件。该产品运用了 TeraView 公司研发的光学延迟专利技术,可以避免系统频繁地校准操作,并能提供超高的厚度分辨率以实现厚度小于 40 μm 的薄层测量。TeraView 公司独具优势的半导体专利技术可保证高质量的信噪比,其频谱测试范围有 4 THz 和 7 THz 两种可选方案。产品使用模块化设计,可以方便地进行维护和更换更多功能的附件,同时全新设计的软件也能给使用者提供更为便捷的操作感受。

图 1 - 11
TeraPulse 4000
太赫兹波时域
光谱仪

图 1 - 12 是瑞士 Rainbow Photonics 公司最新研发的 TeraSys 4000 太赫兹波时域光谱仪。TeraSys 4000 太赫兹波时域光谱仪是一套集成了光学、机械、电学以及专用软件和电脑于一体的商品化太赫兹波时域光谱系统,该系统没有采用通常的光电导天线产生太赫兹波方式,而是基于有机晶体产生太赫兹波,其频谱测试 0.3～4 THz,频率分辨率小于 10 GHz。

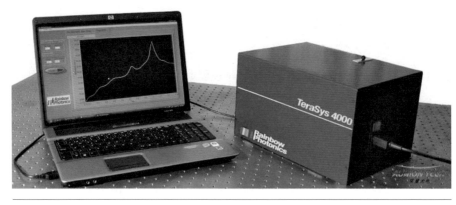

图 1 - 12
TeraSys 4000
太赫兹波时域
光谱仪

图 1 - 13 是 Rainbow Photonics 公司另一款产品 TeraKit 太赫兹波时域光谱仪。该产品可以提供不同的泵浦光源模块及天线模块,能够实现高达 14 THz 的

图 1 - 13
TeraKit 太赫兹
波时域光谱仪

宽频谱测量。

日本 ADVANTEST 公司的 TAS 7400 是一款性价比高、功能多样的实验室太赫兹波时域光谱仪产品,如图 1 - 14 所示。该产品可以无损测试各种形式的样品,适用范围从生命科学到电子学领域,其中精确化学分析和材料特性分析是其重要的应用领域。TAS 7400 系统可以应用于基础材料分析及太赫兹产品研发,其频谱测试0.03～7 THz;产品具有透射、反射、衰减全反射(Attenuated Total Reflectance,ATR)、透射偏振光分析等多种模式的光谱测量硬件模块和相应的软件支持;TAS 7400 时域光谱仪自带空气干燥单元,可保证太赫兹波光谱的测量过程避免空气中水蒸气的干扰。

图 1 - 14
TAS 7400 太赫兹波时域光谱仪

德国 BATOP GmbH 公司主要研发应用于太赫兹波发射和探测的太赫兹光电导天线(Photoconductive Antenna,PCA)。而 BATOP GmbH 公司现在不满足于仅向市场提供单带隙的太赫兹光电导天线,最近该公司研发出一套整合了微透镜的高能大狭缝交叉光电导天线阵列太赫兹波光谱仪,如图 1 - 15 所示。该太赫兹波时域光谱仪不仅具有可以充氮气的透射式样品测试仓,可用于 3D 扫描透射或反射测试的 x - y - z 三维样品位移台,并且配备了适用于外部光纤耦合测试的额外端口,成为该产品的一大亮点。

图 1 - 16 是美国 Picometrix 公司出品的 T - Ray™ 4000 太赫兹波时域光谱仪。T - Ray™ 4000 冲破了普通太赫兹波时域光谱仪只能在实验室条件下使用的约束,使得太赫兹波时域光谱仪已不再仅是实验测试设备,而成为一种比较实用的生产检测工具。通过可以互换的光纤耦合头和必要的内置元器件,

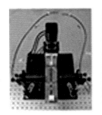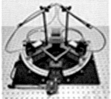

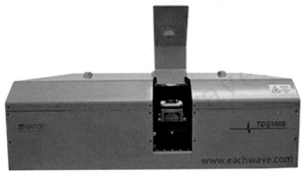

图 1 – 15
BATOP GmbH
公司的太赫兹
波时域光谱仪

图 1 – 16
T – Ray™ 4000
太赫兹波时域
光谱仪

T – Ray™ 4000 把太赫兹波光谱测量从实验室转移到了工厂车间,目前已经可以用于生产过程中产品厚度、密度、化学成分等的监测和控制。

1.5　太赫兹波时间分辨光谱技术

太赫兹波时间分辨光谱技术属于光抽运-太赫兹波探测的光谱技术,是光学抽运技术和太赫兹波时域光谱技术结合的一种非接触式的电场探测技术,通过该技术可以直观地观测到样品信号的光致变化反映出的信息,其分辨率在亚皮秒量级(最高可达 200 fs)。

相对于太赫兹波时域光谱技术,太赫兹波时间分辨光谱技术更加复杂,前者可以获得样品的静态特性信息,而后者可以获得样品的动态变化信息。太赫兹波时间分辨光谱系统利用飞秒激光器输出的泵浦光脉冲、探测光脉冲及泵浦光脉冲同步产生的太赫兹脉冲实现测量,如图 1－17 所示。

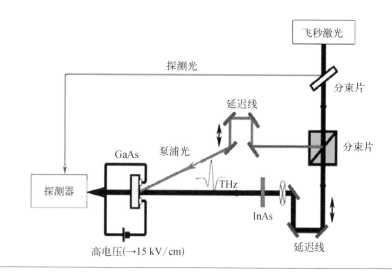

图 1－17
太赫兹波时间
分辨光谱系统
原理示意

可以看出,太赫兹波时间分辨光谱系统主要包括太赫兹脉冲同步产生支路、探测光脉冲支路和泵浦光脉冲支路。当被测试样品作为泵浦光的飞秒激光脉冲被激励后,样品的介电常数发生改变,随即被泵浦光脉冲同步产生的太赫兹脉冲感测。通过改变泵浦光脉冲和探测光脉冲之间的时间延迟,可实验测试获得多种动态过程(例如载流子注入、冷却、衰变和捕获等)信息。

太赫兹波时间分辨光谱技术已成为太赫兹波光谱技术的重要应用之一,属于太赫兹技术领域的研究热点。2004 年,首都师范大学张亮亮等利用快速延迟扫描技术减小了太赫兹波时间分辨光谱系统的低频噪声,提高了系统的信噪比,获得了大约相当于延迟 13 ps 的太赫兹波时域波形,信噪比达到 200;并用该系统研究了聚苯乙烯在太赫兹低频段(<3.5 THz)的吸收特性,发现聚苯乙烯在该频段对太赫兹波的吸收非常小,但可以很大程度地吸收近红外和可见光,是一种具有潜在应用价值的光学材料[112]。2011 年,南开大学杨程亮等利用太赫兹波时间分辨光谱系统探测到飞秒激光脉冲在铌酸锂晶体中产生的太赫兹声子极化

激元波,并且观测到这种波动在微结构中的动态衍射和动态干涉过程[113]。2015年,南开大学吴强等针对飞秒激光在铌酸锂中激发的太赫兹声子极化激元波展开深入研究,发展了一种时间分辨成像技术,可以对太赫兹信号的强度、相位等变化进行实时的定量探测,并利用基于这种时间分辨成像技术搭建的实验测试系统研究了太赫兹声子极化激元波在亚波长厚度铌酸锂晶体薄片中的激发和传输[114]。

1.6 太赫兹波发射光谱技术

太赫兹波发射光谱技术主要通过分析材料发射太赫兹波的振幅和形状研究材料的太赫兹波发射特性。太赫兹波发射光谱系统实质是太赫兹波时域光谱系统的简单变形,只不过它的研究对象就是系统内部的太赫兹波发射源。利用太赫兹波发射光谱技术可以对半导体、超导体、异质结构(量子阱、超晶格等)、溶剂中的定向分子和磁膜等不同类别、不同形态的材料进行研究。当样品被光激励后产生光生电流或光生极化(电极化或磁极化)作用而产生太赫兹脉冲,根据产生的太赫兹波形可分析样品的电磁学特性。

典型的太赫兹波发射光谱系统原理示意如图 1-18 所示。飞秒激光源输出的飞秒激光脉冲被分束片(Beam Splitter)分为泵浦光和探测光,其中大部分飞秒激光脉冲能量(泵浦光)用于激励样品产生太赫兹波,而探测光根据自由空间

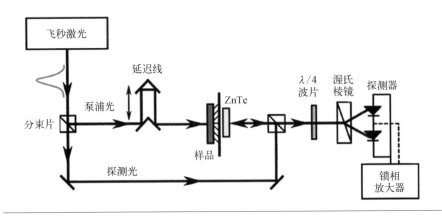

图 1-18
太赫兹波发射
光谱系统原理
示意

电光取样技术探测相应的电磁瞬变。

太赫兹波发射光谱技术应用范围相对较小,但是在研究半导体材料特性方面有其独特的优势。例如,2010 年,首都师范大学王海艳等利用太赫兹波发射光谱技术研究了窄带隙半导体材料砷化铟(InAs)和三种掺杂浓度的氮化铟(InN)在不同泵浦光强激发下产生太赫兹波的特性,发现在相同的泵浦光强激发下,InN 和 InAs 产生的太赫兹辐射强度在同一量级,InAs 较 InN 的太赫兹波产生效率要高一些。随着泵浦光强的增大,这两种半导体材料产生的太赫兹波频谱变得更宽,当泵浦光强增大到一定值时,它们的发射光谱半高全宽(Full Width Half Maximum,FWHM)趋于恒定,相对而言,InN 比 InAs 更容易在较低功率的泵浦光作用下产生宽频带太赫兹发射谱[115]。

参考文献

［1］ 常建华,董绮功.波谱原理及解析[M].第 2 版.北京:科学出版社,2005.

［2］ 孟令芝,龚淑玲,何永炳.有机波谱分析[M].第 3 版.武汉:武汉大学出版社,2009.

［3］ Kleiner R. Filling the terahertz gap[J]. Science, 2007, 318(5854): 1254-1255.

［4］ Auston D H, Cheung K P, Smith P R. Picosecond photoconducting Hertzian dipoles[J]. Applied Physics Letters, 1984, 45(3): 284-286.

［5］ Lee Y S. 太赫兹科学与技术原理[M]. 崔万照, 译. 北京: 国防工业出版社, 2012.

［6］ Kampfrath T, Tanaka K, Nelson K A. Resonant and nonresonant control over matter and light by intense terahertz transients[J]. Nature Photonics, 2013, 7(9): 680-690.

［7］ Jnawali G, Rao Y, Yan H G, et al. Observation of a transient decrease in terahertz conductivity of single-layer graphene induced by ultrafast optical excitation[J]. Nano Letters, 2013, 13(2): 524-530.

［8］ Davies A G, Burnett A D, Fan W H, et al. Terahertz spectroscopy of explosives and drugs[J]. Materials Today, 2008, 11(3): 18-26.

［9］ Burnett A D, Fan W H, Upadhya P C, et al. Broadband terahertz time-domain spectroscopy of drugs-of-abuse and the use of principal component analysis[J]. Analyst, 2009, 134(8): 1658-1668.

［10］ Titova L V, Ayesheshim A K, Golubov A, et al. Intense THz pulses cause H2AX phosphorylation and activate DNA damage response in human skin tissue[J]. Biomedical Optics Express, 2013, 4(4): 559-568.

[11] Scarfi M R, RomanÒ M, Pietro R D, et al. THz exposure of whole blood for the study of biological effects on human lymphocytes[J]. Journal of Biological Physics, 2003, 29(2-3): 171-176.

[12] Oh S J, Kim S H, Jeong K, et al. Measurement depth enhancement in terahertz imaging of biological tissues[J]. Optics Express, 2013, 21(18): 21299-21305.

[13] Morita Y, Dobroiu A, Kawase K, et al. Terahertz technique for detection of microleaks in the seal of flexible plastic packages[J]. Optical Engineering, 2005, 44 (1): 019001.

[14] Bjarnason J E, Chan T L J, Lee A W M, et al. Millimeter-wave, terahertz, and mid-infrared transmission through common clothing[J]. Applied Physics Letters, 2004, 85(4): 519-521.

[15] 刘佳,范文慧.常见服装面料的太赫兹光谱研究[J].红外与激光工程,2013,42(6): 1537-1541.

[16] Dean P, Valavanis A, Keeley J, et al. Coherent three-dimensional terahertz imaging through self-mixing in a quantum cascade laser[J]. Applied Physics Letters, 2013, 103(18): 181112.

[17] Fan W H, Zhao W, Cheng G H, et al. Time-domain terahertz spectroscopy and applications on drugs and explosives[J]. Proceedings of SPIE - The International Society for Optical Engineering, 2008, 6840: 68400T.

[18] Fan W H, Burnett A D, Upadhya P C, et al. Far-infrared spectroscopic characterization of explosives for security applications using broadband terahertz time-domain spectroscopy[J]. Applied Spectroscopy, 2007, 61(6): 638-643.

[19] Burnett A D, Fan W H, Upadhya P C, et al. Broadband terahertz time-domain and Raman spectroscopy of explosives[J]. Proceedings of SPIE - The International Society for Optical Engineering, 2007, 6549: 654905.

[20] Ahn J, Weinacht T C, Bucksbaum P H. Information storage and retrieval through quantum phase[J]. Science, 2000, 287(5452): 463-465.

[21] Ahn J, Hutchinson D N, Rangan C, et al. Quantum phase retrieval of a Rydberg wave packet using a half-cycle pulse[J]. Physical Review Letters, 2001, 86(7): 1179-1182.

[22] Cole B E, Williams J B, King B T, et al. Coherent manipulation of semiconductor quantum bits with terahertz radiation[J]. Nature, 2001, 410(6824): 60-63.

[23] Nordstrom K B, Johnsen K, Allen S J, et al. Excitonic dynamical Franz-Keldysh effect[J]. Physical Review Letters, 1998, 81(2): 457-460.

[24] Carter S G, Birkedal V, Wang C S, et al. Quantum coherence in an optical modulator[J]. Science, 2005, 310(5748): 651-653.

[25] Kida N, Murakami H, Tonouchi M. Terahertz optics in strongly correlated electron systems[J]. Terahertz Optoelectronics, 2005, 97: 271-330.

[26] Schall M, Walther M, Jepsen P U. Fundamental and second-order phonon processes in CdTe and ZnTe[J]. Physical Review B, 2001, 64(9): 094301.

[27] Harde H, Keiding S, Grischkowsky D. THz commensurate echoes: periodic rephasing of molecular transitions in free-induction decay[J]. Physical Review Letters, 1991, 66(14): 1834 - 1837.

[28] Globus T R, Woolard D L, Khromova T, et al. THz-spectroscopy of biological molecules[J]. Journal of Biological Physics, 2003, 29(2 - 3): 89 - 100.

[29] Birch J R, Dromey J D, Lesurf J. The optical constants of some common low-loss polymers between 4 and 40 cm^{-1}[J]. Infrared Physics, 1981, 21(4): 225 - 228.

[30] Birch J R, Nicol E A. The FIR optical constants of the polymer TPX[J]. Infrared Physics, 1984, 24(6): 573 - 575.

[31] Birch J R. The far infrared optical constants of polyethylene[J]. Infrared Physics, 1990, 30(2): 195 - 197.

[32] Birch J R. The far-infrared optical constants of polypropylene, PTFE and polystyrene[J]. Infrared Physics, 1992, 33(1): 33 - 38.

[33] Naftaly M, Miles R E. Terahertz time-domain spectroscopy for material characterization[J]. Proceedings of the IEEE, 2007, 95(8): 1658 - 1665.

[34] Jin Y S, Kim G J, Jeon S G. Terahertz dielectric properties of polymers[J]. Journal of the Korean Physical Society, 2006, 49(2): 513 - 517.

[35] Winer K, Cardona M. Theory of infrared absorption in silicon[J]. Physical Review B, 1987, 35(15): 8189 - 8195.

[36] Dai J M, Zhang J Q, Zhang W L, et al. Terahertz time-domain spectroscopy characterization of the far-infrared absorption and index of refraction of high-resistivity, float-zone silicon[J]. Journal of the Optical Society of America B, 2004, 21(7): 1379 - 1386.

[37] Loewenstein E V, Smith D R, Morgan R L. Optical constants of far Infrared materials. 2: crystalline solids[J]. Applied Optics, 1973, 12(2): 398 - 406.

[38] Stillman G E, Wolfe C M, Dimmock J O. Hall coefficient factor for polar mode scattering in n-type GaAs[J]. Journal of Physics and Chemistry of Solids, 1970, 31(6): 1199 - 1204.

[39] Harmon E S, Melloch M R, Woodall J M, et al. Carrier lifetime versus anneal in low temperature growth GaAs[J]. Applied Physics Letters, 1993, 63(16): 2248 - 2250.

[40] Hrivnák L. Semi-insulating GaAs[J]. Czechoslovak Journal of Physics B, 1984, 34(5): 436 - 444.

[41] Gupta S, Frankel M Y, Valdmanis J A, et al. Subpicosecond carrier lifetime in GaAs grown by molecular beam epitaxy at low temperatures[J]. Applied Physics Letters, 1991, 59(25): 3276 - 3278.

[42] Liu T A, Tani M, Nakajima M, et al. Ultrabroadband terahertz field detection by photoconductive antennas based on multi-energy arsenic-ion-implanted GaAs and semi-insulating GaAs[J]. Applied Physics Letters, 2003, 83(7): 1322 - 1324.

[43] Pendry J B, Schurig D, Smith D R. Controlling electromagnetic fields[J]. Science,

2006, 312(5781): 1780 – 1782.

[44] Soukoulis C M, Linden S, Wegener M. Negative refractive index at optical wavelengths[J]. Science, 2007, 315(5808): 47 – 49.

[45] Shalaev V M. Optical negative-index metamaterials[J]. Nature Photonics, 2007, 1 (1): 41 – 48.

[46] Landy N I, Sajuyigbe S, Mock J J, et al. Perfect metamaterial absorber[J]. Physical Review Letters, 2008, 100(20): 207402.

[47] Smith D R, Pendry J B, Wiltshire M C K. Metamaterials and negative refractive index[J]. Science, 2004, 305(5685): 788 – 792.

[48] Chen H T, Padilla W J, Zide J M O, et al. Active terahertz metamaterial devices [J]. Nature, 2006, 444(7119): 597 – 600.

[49] Liu Y, Zhang X. Metamaterials: a new frontier of science and technology[J]. Chemical Society Reviews, 2011, 40(5): 2494 – 2507.

[50] Zheludev N I, Kivshar Y S. From metamaterials to metadevices[J]. Nature Materials, 2012, 11(11): 917 – 924.

[51] Veselago V G. The electrodynamics of substances with simultaneously negative values of ε and μ[J]. Soviet Physics Uspekhi, 1968, 10(4): 509 – 514.

[52] Pendry J B, Holden A J, Stewart W J, et al. Extremely low frequency plasmons in metallic mesostructures[J]. Physical Review Letters, 1996, 76(25): 4773 – 4776.

[53] Pendry J B, Holden A J, Robbins D J, et al. Magnetism from conductors and enhanced nonlinear phenomena[J]. IEEE Transactions on Microwave Theory and Techniques, 1999, 47(11): 2075 – 2084.

[54] Smith D R, Padilla W J, Vier D C, et al. Composite medium with simultaneously negative permeability and permittivity[J]. Physical Review Letters, 2000, 84(18): 4184 – 4187.

[55] Wiltshire M C K, Pendry J B, Young I R, et al. Microstructured magnetic materials for RF flux guides in magnetic resonance imaging[J]. Science, 2001, 291 (5505): 849 – 851.

[56] Enkrich C, Wegener M, Linden S, et al. Magnetic metamaterials at telecommunication and visible frequencies[J]. Physical Review Letters, 2005, 95 (20): 203901.

[57] Tsakmakidis K L, Boardman A D, Hess O. Trapped rainbow' storage of light in metamaterials[J]. Nature, 2007, 450(7168): 397 – 401.

[58] Choi M, Lee S H, Kim Y, et al. A terahertz metamaterial with unnaturally high refractive index[J]. Nature, 2011, 470(7334): 369 – 373.

[59] Ziolkowski R W. Propagation in and scattering from a matched metamaterial having a zero index of refraction[J]. Physical Review E, 2004, 70(2): 046608.

[60] Pendry J B. Negative refraction makes a perfect lens[J]. Physical Review Letters, 2000, 85(18): 3966 – 3969.

[61] Schurig D, Mock J J, Justice B J, et al. Metamaterial electromagnetic cloak at

microwave frequencies[J]. Science, 2006, 314(5801): 977 - 980.

[62] Strikwerda A C, Zalkovskij M, Lund Lorenzen D, et al. Metamaterial composite bandpass filter with an ultra-broadband rejection bandwidth of up to 240 terahertz [J]. Applied Physics Letters, 2014, 104(19): 191103.

[63] Cao T, Wei C, Simpson R E, et al. Broadband polarization-independent perfect absorber using a phase-change metamaterial at visible frequencies[J]. Scientific Reports, 2014, 4(2): 3955.

[64] Kildishev A V, Boltasseva A, Shalaev V M. Planar photonics with metasurfaces [J]. Science, 2013, 339(6125): 1232009.

[65] Yu N, Capasso F. Flat optics with designer metasurfaces[J]. Nature Materials, 2014, 13(2): 139 - 150.

[66] Ni X, Kildishev A V, Shalaev V M. Metasurface holograms for visible light[J]. Nature Communications, 2013, 4: 2807.

[67] Padilla W J, Taylor A J, Highstrete C, et al. Dynamical electric and magnetic metamaterial response at terahertz frequencies[J]. Physical Review Letters, 2006, 96(10): 107401.

[68] Williams C R, Andrews S R, Maier S A, et al. Highly confined guiding of terahertz surface plasmon polaritons on structured metal surfaces[J]. Nature Photonics, 2008, 2(3): 175 - 179.

[69] Gu J Q, Singh R, Liu X J, et al. Active control of electromagnetically induced transparency analogue in terahertz metamaterials[J]. Nature Communications, 2012, 3: 1151.

[70] Iwaszczuk K, Strikwerda A C, Fan K, et al. Flexible metamaterial absorbers for stealth applications at terahertz frequencies[J]. Optics Express, 2012, 20(1): 635 - 643.

[71] Chen X, Fan W H. Polarization-insensitive tunable multiple electromagnetically induced transparencies analogue in terahertz graphene metamaterial[J]. Optical Materials Express, 2016, 6(8): 2607 - 2615.

[72] Yen T J, Padilla W J, Fang N, et al. Terahertz magnetic response from artificial materials[J]. Science, 2004, 303(5663): 1494 - 1496.

[73] Neu J, Krolla B, Paul O, et al. Metamaterial-based gradient index lens with strong focusing in the THz frequency range[J]. Optics Express, 2010, 18(26): 27748 - 27757.

[74] Liu S, Chen H, Cui T J. A broadband terahertz absorber using multi-layer stacked bars[J]. Applied Physics Letters, 2015, 106(15): 151601.

[75] Yang Q L, Gu J Q, Wang D Y, et al. Efficient flat metasurface lens for terahertz imaging[J]. Optics Express, 2014, 22(21): 25931 - 25939.

[76] Chen X, Fan W H, Song C. Multiple plasmonic resonance excitations on graphene metamaterials for ultrasensitive terahertz sensing [J]. Carbon, 2018, 133: 416 - 422.

[77] Chen X and Fan W H. Ultrasensitive terahertz metamaterial sensor based on spoof surface plasmon[J]. Scientific Reports, 2017, 7(1): 2092.

[78] Yablonovitch E. Inhibited spontaneous emission in solid-state physics and electronics[J]. Physical Review Letters, 1987, 58(20): 2059 - 2062.

[79] John S. Strong localization of photons in certain disordered dielectric superlattices [J]. Physical Review Letters, 1987, 58(23): 2486 - 2489.

[80] Harris L, Fowler P. Absorptance of gold in the far infrared[J]. Journal of the Optical Society of America, 1961, 51(2): 164 - 167.

[81] Bane K L F, Stupakov G, Tu J J. Reflectivity measurements for copper and aluminum in the far IR and the resistive wall impedance in the LCLS undulator[J]. Office of Scientific and Technical Information Technical Reports, 2006, 58(11): 716 - 721.

[82] Grischkowsky D, Keiding S, Van Exter M, et al. Far-infrared time-domain spectroscopy with terahertz beams of dielectrics and semiconductors[J]. Journal of the Optical Society of America B, 1990, 7(10): 2006 - 2015.

[83] Armstrong K R, Low F J. Far-infrared filters utilizing small particle scattering and antireflection coatings[J]. Applied Optics, 1974, 13(2): 425 - 430.

[84] Kawase K, Hiromoto N. Terahertz-wave antireflection coating on Ge and GaAs with fused quartz[J]. Applied Optics, 1998, 37(10): 1862 - 1866.

[85] Hosako I. Antireflection coating formed by plasma-enhanced chemical-vapor deposition for terahertz-frequency germanium optics[J]. Applied Optics, 2003, 42 (19): 4045 - 4048.

[86] Hosako I. Multilayer optical thin films for use at terahertz frequencies: method of fabrication[J]. Applied Optics, 2005, 44(18): 3769 - 3773.

[87] Masson J B, Gallot G. Terahertz achromatic quarter-wave plate[J]. Optics Letters, 2006, 31(2): 265 - 267.

[88] Hsieh C F, Pan R P, Tang T T, et al. Voltage-controlled liquid-crystal terahertz phase shifter quarter-wave plate[J]. Optics Letters, 2006, 31(8): 1112 - 1114.

[89] Auston D H, Smith P R. Generation and detection of millimeter waves by picosecond photoconductivity[J]. Applied Physics Letters, 1983, 43(7): 631 - 633.

[90] Exter M V, Fattinger C, Grischkowsky D. Terahertz time-domain spectroscopy of water vapor[J]. Optics Letters, 1989, 14(20): 1128 - 1130.

[91] Walther M, Fischer B, Schall M, et al. Far-infrared vibrational spectra of all-trans, 9-cis and 13-cis retinal measured by THz time-domain spectroscopy[J]. Chemical Physics Letters, 2000, 332(3 - 4): 389 - 395.

[92] Rønne C. Intermolecular liquid dynamics studied by THz-spectroscopy [D]. Aarhus: Aarhus University, 2000.

[93] Fischer B M, Walther M, Jepsen P U. Far-infrared vibrational modes of DNA components studied by terahertz time-domain spectroscopy[J]. Physics in Medicine and Biology, 2002, 47(21): 3807 - 3814.

[94] Walther M，Fischer B M，Jepsen P U. Noncovalent intermolecular forces in polycrystalline and amorphous saccharides in the far infrared[J]. The Journal of Chemical Physics，2003，288(2－3)：261－268.

[95] Shi Y L，Wang L. Collective vibrational spectra of α- and γ-glycine studied by terahertz and Raman spectroscopy[J]. Journal of Physics D，2005，38(19)：3741－3745.

[96] Yamaguchi M，Miyamaru F，Yamamoto K，et al. Terahertz absorption spectra of L－，D－，and DL－alanine and their application to determination of enantiometric composition[J]. Applied Physics Letters，2005，86(5)：053903.

[97] Yu B L，Yang Y，Zeng F，et al. Reorientation of H_2O cage studied by terahertz time-domain spectroscopy[J]. Applied Physics Letters，2005，86(6)：061912.

[98] Nishizawa J I，Sasaki T，Suto K，et al. THz transmittance measurements of nucleobases and related molecules in the 0.4－to 5.8－THz region using a GaP THz wave generator[J]. Optics Communications，2005，246(1－3)：229－239.

[99] Korter T M，Balu R，Campbell M B，et al. Terahertz spectroscopy of solid serine and cysteine[J]. Chemical Physics Letters，2006，418(1－3)：65－70.

[100] Fedor A M，Korter T M. Terahertz spectroscopy of 7－azaindole clusters in solution[J]. Chemical Physics Letters，2006，429(4－6)：405－409.

[101] Liu H B，Chen Y Q，Zhang X C. Characterization of anhydrous and hydrated pharmaceutical materials with THz time-domain spectroscopy[J]. Journal of Pharmaceutical Sciences，2007，96(4)：927－934.

[102] Jepsen P U，Clark S J. Precise ab-initio prediction of terahertz vibrational modes in crystalline systems[J]. Chemical Physics Letters，2007，442(4－6)：275－280.

[103] Motley T L，Korter T M. Terahertz spectroscopy and molecular modeling of 2-pyridone clusters[J]. Chemical Physics Letters，2008，464(4－6)：171－176.

[104] Hakey P M，Allis D G，Hudson M R，et al. Investigation of (1R，2S)－(－)-ephedrine by cryogenic terahertz spectroscopy and solid-state density functional theory[J]. ChemPhysChem，2009，10(14)：2434－2444.

[105] Hooper J，Mitchell E，Konek C，et al. Terahertz optical properties of the high explosive β－HMX[J]. Chemical Physics Letters，2009，467(4－6)：309－312.

[106] Ashworth P C，Pickwell-MacPherson E，Provenzano E，et al. Terahertz pulsed spectroscopy of freshly excised human breast cancer[J]. Optics Express，2009，17(15)：12444－12454.

[107] Konek C T，Mason B P，Hooper J P，et al. Terahertz spectra of 1，3，5，7-tetranitro-1，3，5，7-tetrazocane（HMX）polymorphs[J]. Chemical Physics Letters，2010，489(1－3)：48－53.

[108] King M D，Buchanan W D，Korter T M. Identification and quantification of polymorphism in the pharmaceutical compound diclofenac acid by terahertz spectroscopy[J]. Analytical Chemistry，2011，83(10)：3786－3792.

[109] Yamaguchi S，Tominaga K，Saitoc S. Intermolecular vibrational mode of the

benzoic acid dimer in solution observed by terahertz time-domain spectroscopy[J].
Physical Chemistry Chemical Physics, 2011, 13(32): 14742 – 14749.

[110] Zheng Z P, Fan W H, Yan H. Terahertz absorption spectra of benzene-1, 2-diol, benzene-1, 3-diol and benzene-1, 4-diol[J]. Chemical Physics Letters, 2012, 525 - 526: 140 - 143.

[111] 许景周,张希成.太赫兹科学技术和应用[M].北京:北京大学出版社,2007.

[112] 张亮亮,赵国忠,钟华,等.自由空间电光取样 THz 时间分辨光谱测量[A]//中国光学学会.大珩先生九十华诞文集暨中国光学学会 2004 年学术大会论文集.杭州:浙江大学出版社,2004:1796 - 1800.

[113] 杨程亮,吴强,禹宣伊,等.太赫兹声子极化激元在 $LiNbO_3$ 微结构中的衍射和干涉动态过程的时间分辨成像[J].人工晶体学报,2011,40(2):309 - 313.

[114] 吴强,张斌,潘崇培,等.基于时间分辨成像的太赫兹声子极化激元研究[A]//中国物理学会光物理专业委员会,中国光学学会基础光学专业委员会.第十一届全国光学前沿问题讨论会会议论文摘要集.合肥:量子电子学报,2015,33(1):127 - 128.

[115] 王海艳,赵国忠,王新强.不同抽运光强激发窄带隙半导体产生太赫兹辐射的研究[J].物理学报,2011,60(4):159 - 164.

2

太赫兹
波谱分析与量化计算

2.1　太赫兹波谱吸收系数及折射率计算

在太赫兹波时域波谱测试中,如何有效计算并正确获得被测量样品在太赫兹频段的吸收系数和折射率至关重要。然而,依据被测量样品测试方式和测试装置的差异,具体的计算方法也需要发生相应的变化。

在透射式太赫兹波时域波谱测量中,太赫兹波透过参考介质时获得参考介质的时域波形,太赫兹波通过被测量样品时获得带有样品信息的时域波形,分别对参考介质的时域波形和被测量样品的时域波形进行快速傅里叶变换得到参考波谱 $A_r(\omega)\exp[-i\phi_r(\omega)]$ 和样品波谱 $A_s(\omega)\exp[-i\phi_s(\omega)]$,继而从样品波谱和参考波谱的比较中可以获得样品的特征波谱信息[1],即

$$n_s(\omega) = \frac{\dfrac{[\phi_s(\omega) - \phi_r(\omega)]c}{\omega} + n_r d_r}{d_s} \tag{2-1}$$

$$\alpha_s(\omega) = \frac{2\left\{\ln\left[\dfrac{n_s(1+n_r)^2}{\dfrac{A_s(\omega)}{A_r(\omega)}n_r(1+n_s)^2}\right] + \dfrac{\omega\kappa_r d_r}{c}\right\}}{d_s} \tag{2-2}$$

式中,α_s 是被测量样品的吸收系数;n_s 是被测量样品的折射率;d_s 是被测量样品的厚度;$\phi_s(\omega)$ 是被测量样品的相位;n_r 是参考介质的折射率;d_r 是参考介质的厚度;$\phi_r(\omega)$ 是参考介质的相位;κ_r 是参考介质的消光系数;c 是真空光速。

通常考虑以空气作为参考介质,即 $n_r = 1$,$\kappa_r = 0$,$d_r = d_s$,则式(2-1)和式(2-2)简化为

$$n_s(\omega) = \frac{[\phi_s(\omega) - \phi_r(\omega)]c}{d_s\omega} + 1 \tag{2-3}$$

$$\alpha_s(\omega) = \frac{2\ln\left[\dfrac{4n_s}{\dfrac{A_s(\omega)}{A_r(\omega)}(n_s+1)^2}\right]}{d_s} \tag{2-4}$$

可以看出,物质的太赫兹特征波谱不仅含有丰富的化学信息,而且可以直接获取物质的吸收系数和折射率等物理参数。

对于液相或气相测试而言,通常需要相应的测试容器盛放样品。图 2-1 是太赫兹波经过参考介质和被测量样品测试容器的传播示意,其中 R 表示放置参考介质 r 的测试容器,S 表示放置被测量样品 s 的测试容器。

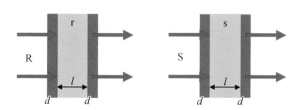

图 2-1
太赫兹波在样品测试容器中的传播示意

通常可以采用菲涅耳方程(Fresnel Equations)描述太赫兹波在每个交界面(Interface)的透射与反射情况。如果忽略由于交界面粗糙而引起的散射,假定太赫兹波以入射角 θ 从空气 a 入射到被测量样品 s,则从空气 a 入射到被测量样品 s 的透射系数 T_{as} 和在空气 a -被测量样品 s 交界面的反射系数 R_{as} 可以表述为[2]

$$T_{as}(\omega) = \frac{2\bar{n}_a(\omega)\cos\theta}{\bar{n}_a(\omega)\cos\beta + \bar{n}_s(\omega)\cos\theta} \qquad (2-5)$$

式中,β 是折射角,这里主要针对 p 极化太赫兹波进行讨论。

$$R_{as}(\omega) = \frac{\bar{n}_s(\omega)\cos\theta - \bar{n}_a(\omega)\cos\beta}{\bar{n}_a(\omega)\cos\beta + \bar{n}_s(\omega)\cos\theta} \qquad (2-6)$$

式中,$\bar{n}_a$ 是空气 a 的复折射率;$\bar{n}_s$ 是被测量样品 s 的复折射率;而

$$\beta = \arcsin\left(\frac{n_a\sin\theta}{n_s}\right) \qquad (2-7)$$

太赫兹波在被测量样品 s 中传输距离 d 时的传输量为

$$P_s(\omega, d) = \exp\left[\frac{-j\bar{n}_s(\omega)\omega d}{c}\right] \qquad (2-8)$$

式中,c 是真空光速。

在具体的实验测试中,由于太赫兹波时域波谱系统普遍采用透射模式,则通常均为正入射($\theta = 90°$)方式。具体地,将实验测试获得的参考介质 r 与被测量样品 s 在太赫兹频段的时域信号经过快速傅里叶转换,可以得到参考介质与被测量样品在太赫兹频段的振幅及相位信息。以图 2-1 为计算模型,当太赫兹波经过放置参考介质 r 和被测量样品 s 的测试容器时,其电场场强之比为

$$
\frac{E_s(\omega)}{E_r(\omega)} = \frac{t_{1p}\exp\left(\dfrac{-jn_p\omega d_{p1}}{c}\right)t_{ps}\exp\left(\dfrac{-j\bar{n}_s\omega l_s}{c}\right)t_{sp}\exp\left(\dfrac{-jn_p\omega d_{p2}}{c}\right)t_{p1}}{t_{1p}\exp\left(\dfrac{-jn_p\omega d_{p1}}{c}\right)t_{p1}\exp\left(\dfrac{-jn_1\omega l_r}{c}\right)t_{1p}\exp\left(\dfrac{-jn_p\omega d_{p2}}{c}\right)t_{p1}}
$$

$$
= \rho e^{-j\varphi} \tag{2-9}
$$

式中,n_p 为测试容器材料的折射率;n_1 为参考介质(一般为空气)的折射率;ρ 为被测量样品频域信号与参考介质频域信号的振幅比,即 $\rho = A_s(\omega)/A_r(\omega)$;而 $\varphi(\omega)$ 为被测量样品信号频域相位 $\phi_s(\omega)$ 与参考介质信号频域相位 $\phi_r(\omega)$ 的相位差,即 $\varphi(\omega) = \phi_s(\omega) - \phi_r(\omega)$;$d_{p1}$ 和 d_{p2} 分别表示测试时太赫兹波通过的测试容器 p 的两侧侧壁厚度;l_s 和 l_r 分别表示太赫兹波在被测量样品和参考介质中经过的距离;t_{1p} 表示空气-测试容器界面的透射系数;t_{ps} 表示测试容器-被测量样品界面的透射系数;t_{sp} 表示被测量样品-测试容器界面的透射系数;t_{p1} 表示测试容器-空气界面的透射系数。

因此,物质的透射系数计算如下。

(1)测试物质为厚度 l 的固体薄片时,可以不需要测试容器,即 $d_{p1} = 0$,$d_{p2} = 0$,$n_p = 1$,$t_{1p} = t_{p1} = 1$,则有

$$
\frac{E_s(\omega)}{E_r(\omega)} = \frac{t_{1s}\exp\left(\dfrac{-j\bar{n}_s\omega l_s}{c}\right)t_{sp}t_{p1}}{\exp\left(\dfrac{-jn_1\omega l_r}{c}\right)t_{1p}t_{p1}}
$$

$$
= \frac{t_{1s}\exp\left(\dfrac{-j\bar{n}_s\omega l_s}{c}\right)t_{sp}}{\exp\left(\dfrac{-jn_1\omega l_r}{c}\right)t_{1p}} \tag{2-10}
$$

由于 $l_s = l_r = l$，n_1（空气）为实数，$n_1 = 1$，假设测试样品折射率为 $\bar{n}_s = n_s + jk_s$，则

$$\frac{E_s(\omega)}{E_r(\omega)} = \frac{2n_s(1+n_p)}{(n_s+1)(n_p+n_s)} e^{-\frac{\omega l}{c}k_s} e^{-j\frac{\omega l}{c}(n_s-1)}$$

$$= \rho e^{-j\varphi} \tag{2-11}$$

固体薄片的折射率为

$$n_s(\omega) = \frac{\varphi(\omega)c}{\omega l} + 1 \tag{2-12}$$

固体薄片的吸收系数为

$$\alpha[\text{cm}^{-1}] = \frac{2\omega k_s}{c} = \frac{20}{l}\ln\left[\frac{2n_s(1+n_p)}{\rho(\omega)(n_s+1)(n_p+n_s)}\right] \tag{2-13}$$

仔细对比不难发现，式(2-12)和式(2-13)实际与式(2-3)和式(2-4)殊途同归。

(2) 当测试物质为液相物质（测试光程为 l）时，$d_{p1} \neq 0$，$d_{p2} \neq 0$，$n_p \neq 1$，则液相物质在太赫兹频段吸收系数及折射率的计算公式为

$$\frac{E_s(\omega)}{E_r(\omega)} = \frac{t_{1p}\exp\left(\dfrac{-jn_p\omega d_{p1}}{c}\right)t_{ps}\exp\left(\dfrac{-j\bar{n}_s\omega l_s}{c}\right)t_{sp}\exp\left(\dfrac{-jn_p\omega d_{p2}}{c}\right)t_{p1}}{t_{1p}\exp\left(\dfrac{-jn_p\omega d_{p1}}{c}\right)t_{p1}\exp\left(\dfrac{-jn_1\omega l_r}{c}\right)t_{1p}\exp\left(\dfrac{-jn_p\omega d_{p2}}{c}\right)t_{p1}}$$

$$= \frac{t_{ps}\exp\left(\dfrac{-j\bar{n}_s\omega l_s}{c}\right)t_{sp}}{t_{p1}\exp\left(\dfrac{-jn_1\omega l_r}{c}\right)t_{1p}} \tag{2-14}$$

式中，$l_s = l_r = l$；$n_1 = 1$（空气）。设测试样品折射率为 $\bar{n}_s = n_s + jk_s$，则

$$\rho e^{-j\varphi} = \frac{(n_1+n_p)^2(n_s+ik_s)}{n_1[n_p+(n_s+ik_s)]} e^{\frac{\omega l}{c}k_s} e^{-j\frac{\omega l}{c}(n_s-n_1)} \tag{2-15}$$

即液相物质在太赫兹频段的折射率和吸收系数为

$$n_s(\omega) = \frac{\varphi(\omega)c}{\omega l} + 1 \qquad (2-16)$$

$$\alpha\left[\mathrm{cm}^{-1}\right] = \frac{2\omega k_s}{c} = \frac{20}{l}\ln\left[\frac{n_s(1+n_p)^2}{\rho(\omega)(n_p+n_s)^2}\right] \qquad (2-17)$$

值得注意的是,上述两种计算情况均是以空气($n=1$)为参考介质推导获得的。当参考介质为其他某种物质时,特别是当参考介质是极性物质,其折射率为复数时,具体公式推导和计算过程就要复杂得多。针对具体实验情况,由于所采用的样品测试装置或测试容器可能有区别,相应的计算方法也会存在一定差异。

2.2 电子结构理论

2.2.1 概述

19 世纪末期,经典力学和经典电动力学在描述微观系统时的不足越来越明显,所以一大批物理学家开始思索新的方法研究微观物质世界。20 世纪初,经过普朗克、玻尔、海森堡、薛定谔、泡利和爱因斯坦等共同不懈的努力,最终创立了量子力学(Quantum Mechanics)。量子力学与经典力学的一个主要区别在于如何理论描述测量过程。在经典力学中,一个物理体系的位置和动量可以同时被无限精确地确定及预测,其测量过程对物理体系本身并不会造成影响。在量子力学中则不然,测量过程本身会对体系造成影响。在量子力学理论中,波函数表示一个物理体系的现实状态,而波函数任意线性叠加的结果仍然可代表体系的一种可能状态,波函数的模平方表示其变量的物理量出现的概率。总的来说,量子力学主要侧重于微观世界结构及运动规律的研究,主要研究物质材料(例如原子、分子和凝聚态物质等)的微观结构特性。量子力学的出现极大地促进了人类文明的飞跃,带来了一系列划时代的科技文明创新,对人类社会的进步功不可没。现阶段,许多物理化学理论,例如固体物理、原子物理及量子化学均是以量子力学为基础的,并且量子力学在材料等其他相关学科中也得到了广泛应用。

计算化学方法主要分为分子力学方法和电子结构理论两类。这两类方法都是通过如下步骤进行材料性质计算的。首先,数值计算特定分子结构的能量,完成几何结构优化,确定全局或局域能量最小点。特别需要指出的是,几何结构优化是进行材料性质计算的基础,分子最优的几何结构通常可以最大程度地满足能量最低原理,在此结构上进行性质计算才可能获得准确可靠的结果,因此几何结构优化决定了后续频率计算的精度。其次,数值计算由于分子内原子间运动而引发的分子振动频率。这两类计算化学方法的最大区别在于分子力学方法以经典力学为计算基础,而电子结构理论是以量子力学作为计算基础。

人们很早就知道,物质的含量测定依赖其显现的色谱。在量子力学诞生后,人们对物质与光的相互作用的认识和了解产生了本质的飞跃。这是由于量子力学可以解析物质的光谱信息,通过量化模拟计算获得的频谱数据衍生出来的光谱技术不仅可以定性定量地分析物质,而且也已成为人们了解物质结构构象信息的主要工具之一。

量子化学计算方法是基于量子力学建立的,这类方法计算物质物理化学性质(例如结合能、介电特性和振动光谱等)是在体系最优结构(最优结构可以最大限度满足能量最低原理,是获取精确可靠物质性质的基础)基础上进行的。为获得最优的体系结构,首先要计算初始结构的能量,然后优化相关的结构参数,再计算优化结构的能量,判断其是否满足能量最低原理,如果不满足则重复以上步骤直至确定局域或全局能量最小的结构。

在量子力学中,所有的计算都是以求解薛定谔方程为基础的,包括体系的能量和其他相关材料结构及性质,而体系的存在状态用波函数确定,所以量子力学的主要研究对象是波函数。式(2-18)中,$\hat{H}$是哈密顿算子,$\Psi(R, r)$是波函数,又称为态函数,是核和电子坐标的函数,包含了体系所有可能的信息,决定了体系的状态。求解式(2-18),可获得体系的本征函数和能量。

$$\hat{H}\Psi(R, r) = E\Psi(R, r) \qquad (2-18)$$

式中,R、r分别表示原子核和电子的坐标。

对于类似氢原子及类氢离子的单电子体系,无须考虑电子之间的相互作用,因此可以精确求解体系的薛定谔方程。不过,如果计算分子体系太大,要想准确求解薛定谔方程是不现实的。例如对于多电子体系,必须考虑电子之间的交换相关能,而当前由于缺乏对这种相互作用的精确计算,无法完全求解薛定谔方程,需要利用近似方法进行求解。目前主要有以下三种近似计算方法。

(1) 半经验方法(Semi - empirical Approach)

这类方法求解薛定谔方程时,使用实验数据确定的参数以简化计算。不同半经验方法的区别主要在于理论模型的建立和简化参数的设定,不同的分子模型及其经验参数适用于不同的分子体系,因此半经验方法针对性较强,需要大量实验数据和计算经验的积累。

(2) 从头算方法(Ab Initio Approach)

这类方法求解薛定谔方程时,不使用任何经验参数,仅需要几个常用的物理量(普朗克常数、光速以及原子核与电子的电荷和质量等),而且所有计算都是在量子力学理论基础上建立的,因而称为从头算方法。虽然在求解薛定谔方程时引入了严格的数学近似,求解过程中难免引入误差,但与半经验方法相比,从头算方法可以对体系进行更高精度的计算和性质描述。

(3) 密度泛函方法(Density Functional Theory)

这类方法以电子密度作为描述整个体系可能存在状态的基本物理量,采用泛函方法求解薛定谔方程。由于考虑了电子相关性,密度泛函方法不仅可以非常精确地计算电子相关能,而且与从头算方法相比很大程度上减少了计算量,近些年广泛应用于中等体系结构的化学性质研究。

上述三种近似计算方法的第一种对计算体系的针对性较强,而后两种适用的体系相对更广泛。

就固体物质而言,量子化学计算主要采用了以下近似和简化:

(1) 利用绝热近似将原子核与电子分开考虑,即价电子在固定不动的原子核及内层电子组成的势场中运动;

(2) 利用哈特里-福克(Hartree - Fock)自洽场方法将多电子问题简化为单电子问题,或者采用密度泛函理论对多电子问题进行更严格和更精确的描述;

(3) 通过布洛赫(Bloch)定理将固体物质抽象为具有平移周期性的理想晶体,从而将多电子体系问题简化为在晶格周期性势场中运动的单电子定态问题。

对于波函数而言,体系的波函数表现为某些粒子的函数,即

$$\varphi(\{\boldsymbol{r}_i\}) = F[\{\boldsymbol{\phi}_i\}] \tag{2-19}$$

经过多年的发展,目前存在两条针对相互作用粒子体系的量子力学近似方法,如图2-2所示。一方面,根据 Hartree - Fock 理论,体系中所有原子轨道通过线性组合形成分子轨道,以分子轨道为基础构造的斯莱特(Slater)行列式就是体系的波函数[3];另一方面,密度泛函理论发展了一种全新的思路,采取电子密度的泛函描述体系的波函数[3]。

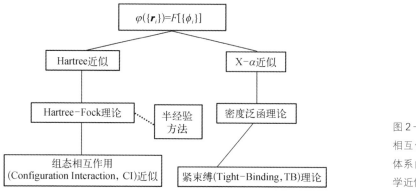

图2-2
相互作用粒子体系的量子力学近似方法

下面具体介绍从头算理论(哈特里-福克理论、二阶微扰理论)和密度泛函理论(半经验理论、非经验理论)。

2.2.2 哈特里-福克自洽理论

1928年,量子化学家哈特里(Hartree)为解决多电子体系薛定谔方程近似求解问题,提出了哈特里假设[4],其物理思想是将每个电子看作是在其余电子构成的平均势场中运动的粒子,并首次提出了迭代法的创新思路。Hartree 根据自己的假设,将体系电子的总哈密顿算子进行了分解,变成若干个单电子哈密顿算子的代数和,而每个电子的哈密顿算子中只包含一个电子坐标,因而多电子体系波函数可以表示为单电子波函数的乘积,这就是 Hartree 方程的中心思想。但是在 Hartree 方程中,Hartree 没有考虑电子波函数的反对称作用。直到 Hartree 的两个学生福克(Fock)和斯莱特(Slater)对它进行了改进,分别提出了考虑泡利原理自洽场迭代的方程和单行列式型的多电子体系波函数,这就是目前人们所用的哈特里-福克(Hartree‐Fock，HF)方程[5,6]，它是量子化学计算中最重要的方程之一。

然而，由于当时计算能力的滞后，HF 方程诞生后整整沉寂了近二十年。1950 年，量子化学家罗特汉(Roothan)提出将分子轨道用原子轨道的线性组合近似展开而获得了闭壳层结构的罗特汉方程。1953 年，帕尔和波普分别独立计算了氮气分子的 Roothan-Hartree-Fock 自洽场，首次通过求解 HF 方程获得对化学结构的量子力学解析，这也是量子化学计算方法第一次实际完成。在这次成功后，伴随着电子计算机技术的迅猛发展，HF 方程与量子化学得到了极大促进。在 HF 方程计算基础上，人们发展了更高级的量子化学计算方法，使得计算精度进一步得到提高，通过对 HF 方程电子积分的简化及参数化，大大减少了量子化学的计算量，使得可以数值计算超过 1 000 个原子的分子体系。

在 Hartree 假设中，一个多电子体系中的每个单电子运动都可以看成是在其他电子形成的势场作用下进行的。而且，Hartree 假设在描述多电子体系薛定谔方程时，将其分解为多个类氢单电子薛定谔方程，并将体系的波函数采用多个单电子波函数的乘积表示，即

$$\varphi(\boldsymbol{r}_1, \boldsymbol{r}_2, \cdots, \boldsymbol{r}_z) = \phi_{k1}(\boldsymbol{r}_1)\phi_{k2}(\boldsymbol{r}_2)\cdots\phi_{kz}(\boldsymbol{r}_z) \tag{2-20}$$

式(2-20)的每个单电子波函数都可以用 Hartree 方程式(2-21)表示，即

$$\left[H_i + \sum_{j(j\neq i)}\int |\phi_{ki}|^2 \frac{1}{r_{ij}}d^3x_j\right]\phi_{ki} = \varepsilon_i\phi_{ki} \tag{2-21}$$

式中，$H_i = -\frac{1}{2}\nabla_i^2 - \frac{Z}{r_i}$($i = 1, 2, \cdots, z$；$z$ 为体系的电子数目)。

Hartree 方程式(2-21)括号内左侧第二项表示电子之间的库仑排斥力，即第 i 个电子与体系中其余电子之间的相互作用。该方程是一个非线性微积分方程组，很难精确求解。于是 Hartree 又提出逐步近似法以达到最终自洽(Self‐consistent)的求解方法，即假设一个中心场 $V^{(0)}(r_i)$ 代替式(2-21)括号内的

$$-\frac{Z}{r_i} + \sum_{j(j\neq i)}\int |\phi_{ki}|^2 \frac{1}{r_{ij}}d^3x_j \tag{2-22}$$

然后求解得到单电子波函数 $\phi_{ki}^{(0)}$，再代入式(2-22)中，比较计算值和假设的 $V^{(0)}(r_i)$，判断两者的数值差是否满足精度要求，如果满足即得到精确的中心力场，若不满足则依据数值差设置新的中心力场 $V^{(1)}(r_i)$，继续重复上述步骤，直到达到要求的精度范围，这种求解势场的方法被称为哈特里-福克自洽场（Hartree - Fock Self - Consistent Field，HF SCF)方法。图 2-3 是 HF 方程计算的基本算法过程。

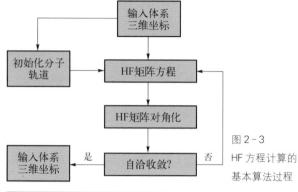

图 2-3
HF 方程计算的基本算法过程

目前，很多量子化学计算方法都是以 Hartree - Fock 理论为基础，所以该算法被认为是现阶段量子化学计算方法的奠基之石。

2.2.3　二阶 Møller - Plesset 微扰理论

1934 年，基于瑞利-薛定谔微扰理论，两位化学家 Møller 和 Plesset 联手提出了多体微扰理论（Many-body Perturbation Theory)，称为 Møller - Plesset (MP)微扰理论[7]。MP 理论也是一种基于分子轨道理论的量化算法，它以自洽场方式求解为基础，采用微扰理论获得多电子体系的近似解。MP 算法是应用比较广泛的高级量子化学计算方法，但由于 MP 理论高级的校正计算是以低级的校正计算为基础的，所以随着计算精度的提高，计算量也会急剧增大。理论上，随着校正级别越高（即 MPn 中 n 的级数越大)，计算的结果会逐渐接近真实值。其中，MP1（Møller - Plesset 1)与 HF 计算的结果接近，MP2 则可考虑到 60% 的相关能，MP4 一般可以达到 95% 的相关能，但由于校正级数越高需要的计算量越大，所以通常计算只涉及 MP2[8]。

在多体微扰理论中，哈密顿（Hamilton)量的一般形式为

$$\hat{H} = \hat{H}_0 + \lambda \hat{V} \tag{2-23}$$

式中，$\hat{H}_0$ 是无微扰体系的零阶 Hamilton 量；$\hat{V}$ 表示微扰引入的真实 Hamilton 量

与零阶 Hamilton 量间的差别,量纲为 1;参数 λ 在 0 到 1 之间取值。当 $\lambda=0$ 时,真实 Hamilton 量等于零阶 Hamilton 量;当 $\lambda=1$ 时,Hamilton 量表示真实值。具体地,二阶 MP 微扰理论是通过下面的过程处理薛定谔方程。

由于微扰的存在,体系的波函数表达式为

$$\Psi = \Psi^{(0)} + \lambda \Psi^{(1)} + \lambda^2 \Psi^{(2)} + \lambda^3 \Psi^{(3)} + \cdots \qquad (2-24)$$

考虑到引入的微扰,体系的能量表达式为

$$E = E^{(0)} + \lambda E^{(1)} + \lambda^2 E^{(2)} + \lambda^3 E^{(3)} + \cdots \qquad (2-25)$$

如果能求解无限项,加于波函数和能量,则可得体系精确状态和能量,但实际上一般只能求解前几个微扰项。MP2 理论可以求解到二级微扰[8],

$$E_{\mathrm{HF}} = E_0 + E_1 = \int \Psi_0 \hat{H} \Psi_0 \mathrm{d}\tau + \int \Psi_0 \hat{V} \Psi_0 \mathrm{d}\tau \qquad (2-26)$$

$$E_{\mathrm{MP2}} = E_{\mathrm{HF}} + E_2 + \int \Psi_0 \hat{V} \Psi_1 \mathrm{d}\tau = E_{\mathrm{HF}} - \sum_{i>j,\,a>b} \frac{\left[\int \Psi_0 \hat{V} \Psi_{ij}^{ab} \mathrm{d}\tau \right]^2}{\varepsilon_a + \varepsilon_b - \varepsilon_i - \varepsilon_j}$$

$$(2-27)$$

由式(2-27)可以看出,MPn 是一种电子相关方法。根据量子理论,每个电子处在由其他电子构成的势场中,但是任意两个电子不可能同时出现在同一地点,即它们的运动是相关的。Hartree-Fock 近似没有考虑这种电子相关性,而 MP 理论设法修正了 Hartree-Fock 理论忽略的相关能,即精确能量与 Hartree-Fock 能量之差。例如,MP1 修正加上基态能等于 Hartree-Fock 能量,如式(2-26)所示。根据对能量微扰校正的阶数,MPn 方法在计算中考虑了 n 阶微扰,由二级到五级依次表示为 MP2、MP3、MP4、MP5。提供优化方法的有 MP2、MP3 和 MP4(不包括 MP4SDQ),提供频率分析的方法有 MP2。MP2 方法由于考虑了电子相关性,一般都能获得精确的结果,而且相对其他 MPn 方法,耗时较短,对计算机配置要求较低,已成功地应用于很多领域,成为计算化学中非常有用的工具。不过,MP2 方法并不是万能的普适方法,计算体系越特殊,通常需要的计算量就越高。对于 MP2 方法处理不好的体系,就需要使用更高等的 MPn 方法。

例如 MP4 就得到比较广泛的应用[8]，它包含了 95% 以上的电子相关能，但它比 MP2 方法昂贵得多（更耗时，计算机资源要求更高）。奇数阶的 MP3、MP5 实际计算效果并不好，因此很少被使用[8]。从实际应用情况看，MPn 方法描述闭壳层体系非常优秀，且具有大小一致性；但 MPn 方法本身未考虑单电子情况，因此无法研究开壳层体系、分子键的解离和激发态。总的来说，相比于密度泛函理论，MP2 方法计算量较大，硬盘和内存通常开销较大，适用于具有弱相互作用（例如氢键、范德瓦尔斯作用）的小分子体系（原子个数在 20～50 内）。

2.2.4 密度泛函理论

1964 年，Hohenberg 和 Kohn 首次提出密度泛函理论（Density Functional Theory，DFT）[9]，这是基于他们在研究均匀电子气 Thomas‐Fermi 模型理论基础时提出的两个重要结论（Hohenberg‐Kohn 定理）而发展起来的。这两个定理的出现促使了第三类电子结构理论的发展，成为一种有效处理多电子体系的理论计算方法，后来在密度泛函的广泛应用中得到了证实。近年来，密度泛函理论广泛应用于原子、分子及固体的电子结构计算中，并取得了显著成绩。

在 Thomas‐Fermi 均匀电子气模型中，多电子体系总的动能为

$$T_{TF}[\rho] = c_F \int \rho^{5/3}(r) dr \qquad (2-28)$$

式中，$\rho(r)$ 表示空间 r 处的电子密度；c_F 为费米动量[9]，$c_F = \dfrac{3}{10}(3\pi^2)^{2/3} = 2.871$。

体系的能量为

$$E_{TF} = c_F \int \rho^{5/3}(r) dr - z \int \frac{\rho(r)}{r} dr + \frac{1}{2} \iint \frac{\rho_1(r)\rho_2(r)}{|r_1 - r_2|} dr_1 dr_2 \qquad (2-29)$$

严格地讲，式（2-29）只考虑了原子核与电子、电子与电子之间的相互作用。

Hohenberg‐Kohn 定理 1 证明了晶体场势能 $v(r)$ 是密度泛函理论的基本物理量，即晶体场势能 $v(r)$ 是电子密度 $\rho(r)$ 唯一确定的泛函，式（2-29）可表示为

$$E_v(\rho) = T(\rho) + V_{ne}(\rho) + V_{ee}(\rho) = \int \rho(r)v(r)dr + F_{HK}[\rho] \quad (2-30)$$

式中,

$$F_{HK}[\rho] = T[\rho] + V_{ee}[\rho] \quad (2-31)$$

$$V_{ee}[\rho] = J[\rho] + 非经典项 \quad (2-32)$$

$$J[\rho] = \frac{1}{2} \iint \frac{1}{r_{12}} \rho(r_1)\rho(r_2)dr_1dr_2 \quad (2-33)$$

$J[\rho]$表示经典排斥作用,而非经典排斥作用很难处理和计算,但是它在密度泛函计算中必不可少,它的主要组成部分就是交换相关能。

Hohenberg - Kohn 定理 2 基于变分原理计算获得体系的基态电子密度$\rho_0(r)$。具体地,对于一个电子数目为 N 的多电子体系,其满足$\int \rho(r)dr = N$。当外加势场 $v(r)$ 作用时,体系的能量 $E_v[\rho(r)]$ 不小于基态能量(用 E_0 表示),即

$$E_v[\rho(r)] \geqslant E[\rho_0(r)] = E_0 \quad (2-34)$$

由此可见,当体系处于真实的基态电子密度 $\rho_0(r)$ 时,体系的能量 $E_v[\rho(r)]$处于最低状态。

为了确定具体的能量泛函数学形式,Kohn 和 Sham 引入了一个虚构的、不考虑电子间相互作用的多电子体系,即 Kohn - Sham 体系[10],且该体系和被研究的真实多电子体系(具有电子间相互作用)具有相同的电子密度,则体系能量可表示为

$$E_v = \int \rho(r)v(r)dr + \frac{1}{2} \int \frac{1}{|r-r'|} \rho(r)\rho(r')drdr' + T[\rho] + E_{XC}[\rho]$$

$$(2-35)$$

式中,第一项为原子核与电子的作用能;第二项代表静电排斥力;第三项是体系动能;第四项反映体系交换能。其中交换相关能是体系能量计算的主要难点,密度泛函理论的精确性取决于这部分交换相关项。迄今为止,尚未发现一个通用

的修正泛函适合所有的体系,因而密度泛函理论后续的发展主要是以寻找合适的交换相关能量泛函为主线。

总的来说,密度泛函理论一方面将 $3N$ 维的波函数问题简化成 3 维粒子密度问题(因为粒子密度只是空间坐标的函数),十分简单直观,大大提高了计算效率。另一方面,密度泛函理论中能量交换相关项的选取具有极大的灵活性,根据体系的性质选取合适的交换相关泛函可以获得更为精确的计算结果。近年来,密度泛函理论已被成功应用于分子,尤其是中等分子体系振动光谱的研究。Kohn 也因密度泛函理论获得 1998 年诺贝尔化学奖。

2.2.5　局域密度近似理论

在 Hohenberg 和 Kohn 提出的密度泛函理论中,交换相关能量泛函最初的简单近似是局域密度近似(Local Density Approximation,LDA)理论[9,10],该理论认为单电子在空间 r 处的交换相关能近似于均匀电子气在 r 处的交换相关能,即体系总的交换相关能可以表示成

$$E_{XC} \approx \int \rho(r) \varepsilon_{XC}[\rho(r)] \mathrm{d}^3 r \qquad (2-36)$$

式中,ε_{XC} 表示均匀电子气的单电子交换相关能。

LDA 理论对电子密度变化不大的体系计算结果较好,因而促使 DFT 得到了广泛应用。然而,对于电子密度变化较大的体系(例如电子很少的体系、化学反应的过渡态等),LDA 理论通常会高估体系的结合能,从而导致计算结果不理想。

2.2.6　广义梯度近似理论

因为 LDA 理论不适用于电子密度变化较大的体系,1980 年 Langreth 等[11]在 LDA 理论基础上建立了适用范围更广的广义梯度近似(Generalized Gradient Approximation,GGA)理论。与 LDA 理论比较,GGA 理论认为体系交换相关能不仅与局域电子密度 $\rho(r)$ 有关,而且与电子密度梯度 $\nabla\rho(r)$ 相关,并将交换相关能表示成

$$E_{XC} = \int \rho(r)\varepsilon_{XC}[\rho(r), |\nabla\rho(r)|]d^3r \qquad (2-37)$$

式中,$\nabla\rho(r)$ 表示电子密度梯度。由式(2-37)可知,由于考虑了真实体系电子密度的非均匀性,因此与 LDA 理论相比,GGA 理论可以更精确地描述真实体系的交换相关能。

当前常用的 GGA 泛函理论方法主要有以下两种。

(1) 非经验方法(Non-empirical Approach)

这种方法由 Perdew 等首先提出,在物理学家中很受欢迎。该方法认为体系交换相关泛函的构建必须符合一定的物理规律,需要几个准确的约束条件才能构建泛函。采用这种方法的代表性 GGA 泛函理论有 Perdew-Wang 91 (PW91)[12] 和 Perdew-Burke-Ernzerhof (PBE)泛函理论[13]。

PBE 泛函是由 Perdew、Burke 和 Ernzerhof 在 PW91 泛函基础上改进而提出的,其表达形式更简单(泛函中所有参数都是基本常量),而且它可以获得更平滑的势能。但是,在电子密度变化缓慢的体系中,PBE 泛函计算交换相关能的二阶梯度项不如 PW91 泛函,且在密度梯度趋于无穷时对交换相关能非均匀项的描述不如 PW91 泛函。通常,PBE 泛函计算原子结合能的结果与 PW91 泛函很接近,而且这两种泛函方法均是常用的材料特性研究方法。

(2) 半经验方法(Semi-empirical Approach)

这种方法由 Becke 等首先提出,深受化学家喜爱。该方法认为可以采用任意方法构建泛函,不需要被过多的物理条件约束,只要能获得好的计算结果就是合理的泛函形式。B3LYP 泛函就是其中一种著名的泛函[14]。由于 B3LYP 泛函计算的交换相关能中包含 Hartree-Fock 交换相关能,因此与 Hartree-Fock 方法相比,采用 B3LYP 泛函可以得到更精确的交换相关能。此外,利用 B3LYP 泛函计算得到的分子几何结构参数是被普遍认同的近似值,因此用这个近似值计算被研究物质的物化性质(振动模式、焓、熵和吉布斯自由能等)也是合理可信的。

综上所述,GGA 泛函方法不仅采用电子密度描述体系的能量,而且计算体系能量时考虑了体系电子密度的真实变化,因此与从头算方法和 LDA 泛函方法相比,GGA泛函方法更适用于计算较大的体系(例如晶体和聚合物等),而且计算效率更高。

此外,还有一些其他的改进方法,但其中较为成功的改进方法,例如杂化DFT(Hybrid DFT,HDFT;Hybrid Meta DFT,HMDFT),其实都不是纯粹的DFT泛函,它们往往由一个纯粹的DFT泛函加上部分的 Hartree-Fock 非局域交换或部分微扰非局域交换等混合构造。表2-1总结了不同的DFT方法以及相应的交换泛函和相关泛函。

表 2-1
DFT 方法总结

方　　法	年　　份	类　　型	交换泛函[①] 相关泛函[②]
B3LYP	1994	HDFT	Becke88 Lee-Yang-Parr
B1B95	1996	HMDFT	Becke88 Becke95
PBE	1996	HDFT	PBE Exchange PBE Correlation
PBE0	1998	HDFT	PBE Exchange PBE Correlation
mPW1PW91	1998	HDFT	Modified Perdew-Wang PW91 Correlation
B97-1	1998	HDFT	B97-1 Exchange B97-1 Correlation
B98	1998	HDFT	B98 Exchange B98 Correlation
MPW1K	2000	HDFT	Modified Perdew-Wang Perdew-Wang91
B97-2	2001	HDFT	B97-2 Exchange B97-2 Correlation
X3LYP	2004	HDFT	Becke88+PW91 Exchange Lee-Yang-Parr
BB1K	2004	HMDFT	Becke88 Becke95
MPW3LYP	2004	HDFT	Modified Perdew-Wang Lee-Yang-Parr

方　　法	年　　份	类　　型	交换泛函[①] 相关泛函[②]
X1B95	2004	HMDFT	Becke88＋PW91 Exchange Becke95
XB1K	2004	HMDFT	Becke88＋PW91 Exchange Becke95
MPW1B95	2004	HMDFT	Becke88＋PW91 Exchange Becke95
MPWB1K	2004	HMDFT	Becke88＋PW91 Exchange Becke95

① 上面一行内容代表交换泛函；② 下面一行内容代表相关泛函。

2.2.7　两个著名的密度泛函 B3LYP 与 PBE

截至目前，B3LYP 杂化泛函是 DFT 计算中应用最广泛的泛函。B3LYP 杂化泛函最早于 1994 年由 Stephens 等提出[14]，它是在 1993 年 Becke 提出的三参量 B3PW91 泛函的基础上衍生出来的[15]。B3LYP 交换相关泛函的形式如下

$$E_{XC}^{B3LYP}=(1-a_0)E_{XC}^{LSDA}+a_0E_X^{HF}+a_XE_X^{B88}+a_CE_C^{LYP}+(1-a_C)E_C^{VWN}$$

$$(2-38)$$

式中，E_X 表示交换泛函的能量修正；E_C 表示相关能量修正；LSDA（Local Spin Density Approximation）为考虑了自旋的 LDA；$a_0=0.20$；$a_x=0.72$；$a_c=0.81$。这三个半经验系数与 Becke 用于 B3PW91 泛函的系数是一样的，但 B3LYP 交换相关泛函加入了 Becke88 交换泛函的能量修正[16]，去除了 Perdew 和 Wang 的相关能修正（PWc91），PWc91 的位置由 Lee、Yang 和 Parr 相关泛函（Lee‑Yang‑Parr 泛函，LYP 泛函）[17]替代。LYP 泛函计算了完整的相关能，而不像 PWc91 仅仅修正了 LSDA。除此之外，B3LYP 交换相关泛函还包括了 Vosko、Wilk 和 Nusair（Vosko‑Wilk‑Nusair，VWN）局域修正表示项[14]。

PBE 泛函是由 Perdew、Burke 和 Ernzerhof 提出的[13]。PBE 泛函也是一种广义梯度近似 GGA，具有交换相关泛函 PW91[12]的大体性质，但它试图在 PW91 泛函基础上有所改进。PBE 泛函出现之前，PW91 交换相关泛函被广泛使用，其中使

用了一些基本原理和性质使得泛函中不再引入任何经验参数,理论和实验取得了更好的一致性。PBE泛函保留了PW91泛函的一般特性,它们的最大区别在于PBE泛函包含并满足两个附加的约束条件[10],但这两种泛函计算的数值结果非常接近。

2.3　基组与基组函数

在量子化学中,基组是具有一定性质的若干函数组合,用于描述体系的波函数,是量子化学从头计算(Ab Initio)的基础。最早的基组函数就是原子轨道(Atomic Orbital,AO)波函数,基组的概念现在已经被大大扩展。

基组函数的一般形式为

$$Basis\ Function = N e^{-\alpha r^n} \qquad (2-39)$$

式中,N是归一化常数;α是轨道指数;r是半径,Å;对于STO基组,n为1,对于GTO基组,n为2。

2.3.1　斯莱特(Slater)型基组与高斯(Gaussian)型基组

最早的Slater型基组[18](Slater - type Orbital,STO)就是原子轨道基组,即分子中所有原子的轨道波函数作为一组完备集合构成了STO基组,该基组为指数衰减型函数,其形式为

$$STO = \frac{\zeta^3}{\pi^{0.5}} e^{(-\zeta r)} \qquad (2-40)$$

式中,ζ是Slater函数的轨道指数,其决定了原子轨道的衰减速度。

STO基组的函数形式具有明确的物理意义,对分子轨道(Molecular Orbital,MO)的描述获得了巨大成功,但是STO形式的基组函数需要进行多中心双电子积分计算,计算量相当巨大,即使对于超级计算机,也要消耗大量的计算时间,因此STO基组很快就被淘汰了。

1950年,S. F. Boys发展了一种新的计算处理方法[19],用Gaussian函数替代原来的Slater函数,称为Gaussian型基组(Gaussian - type Orbital,GTO),该

基组为 Gaussian 型函数,其形式如下

$$GTO = \frac{2\chi}{\pi^{0.75}} e^{(-\chi r^2)} \qquad (2-41)$$

式中,χ 为 Gaussian 函数的轨道指数。

对比式(2-40)和式(2-41)可以看出,STO 和 GTO 最大的区别在于半径 r。在 Gaussian 型基组中,半径 r 是二次方的形式,这使得两个或多个 Gaussian 函数的乘积仍然为 Gaussian 函数,因此可以简单方便地将三中心、四中心的双电子积分转化为二中心的双电子积分,大大简化了计算量,但代价是计算精度的下降。直接采用 GTO 基组进行计算虽然节省了计算时间,但是并不能得到理想的准确计算结果,因此 GTO 基组也未能得到广泛应用。

2.3.2 压缩高斯(Gaussian)型基组

为了充分利用 Gaussian 函数良好的数学性质简化计算,并补偿 Gaussian 型基组计算精度的不足,量子化学家提出将多个 Gaussian 型函数进行线性组合,利用线性组合的多个 Gaussian 型函数组成的新函数作为基函数描述分子轨道波函数,这样计算的结果具有很高的计算精度,因而将这样获得的基组称为压缩 Gaussian 型基组。

压缩 Gaussian 型基组是目前应用最广泛的基组,根据体系的具体性质选择不同形式的压缩 Gaussian 型基组往往可以获得良好的计算结果。下面介绍常用的压缩 Gaussian 型基组。

(1)最小基组

STO-3G 基组是规模最小的压缩 Gaussian 型基组,3G 表示每个 Slater 型原子轨道函数是 3 个 Gaussian 型函数的线性组合,这 3 个 Gaussian 型函数的指数和组合系数通过自洽求解 Hartree 方程式(2-21)获得。STO-3G 基组的计算量最小,适用于大分子体系的粗略计算。

(2)劈裂价键基组

根据基组的物理意义,当基组的规模越大时,对体系的近似误差就越小,对分子轨道波函数的描述越精确。理论上,当基组的规模无限大时,计算结果接近

真实值。因此,增大基组规模可以有效提高量化计算的精度。

在原子相互作用形成分子的过程中,主要是原子最外层的价电子参与分子化学键的形成,因而量子化学家巧妙地采取劈裂价电子原子轨道的方法增加基组中基函数的数量。采用多个基函数表示一个价电子的原子轨道,以这种方法扩张的基组被称为劈裂价键基组。例如 6 - 311G 劈裂价键基组,"–"前的数字表示由 6 个 Gaussian 型函数线性组合形成了每个内层电子轨道波函数,"–"后的数字表示每个价层电子轨道波函数分别由 3 个、1 个、1 个 Gaussian 型函数线性组合而成,也就是价电子轨道波函数被劈裂成 3 个 Gaussian 基函数,从而增大了描述价电子轨道的基函数数目。由此可见,劈裂价键基组比最小基组具有更高的计算精度,但计算量也随之增大了。

(3)极化基组

当原子相互靠近形成分子时,它们的电子云发生变形,产生极化效应,致使原来单一的 s 轨道带有了部分 p 轨道的成分,p 轨道带有了部分 d 轨道的成分,因此需要在劈裂价键基组的基础上引入新函数描述这种极化效应,需要将更高能级原子轨道对应的波函数添加到劈裂价键基组中。例如将 p 轨道和 d 轨道波函数分别添加到氢原子和氧原子上,这样就构成了极化基组,而加入了这些角动量更大的轨道函数,轨道在角度方向上就有了更大的可变性,劈裂价键基组只允许轨道改变其大小,但不能改变其形状,因而极化基组比劈裂价键基组可以更好地描述体系。添加的极化基函数实际上对内层电子构成影响,但它们本身经过计算没有电子分布,具有很好的数学性质。常用极化基组 6 - 311G(d, p)表示在劈裂价键基组 6 - 311G 上,不仅对重原子(第二周期及其以后元素)添加了 d 极化函数,而且对氢等轻原子也添加了 p 极化函数。

(4)弥散基组

对于阴离子、激发态体系、附着有显著负电荷的体系、弱相互作用(氢键、范德瓦尔斯作用)体系等,需要在劈裂价键基组中考虑添加指数很小的弥散函数,因而基组就扩张形成了弥散基组,用"+"表示。例如,弥散基组 6 - 31+G 含有一个"+"号,表示对重原子添加了弥散函数;弥散基组 6 - 311++G 含有两个"+"号,表示对重原子以及氢原子都添加了弥散函数。弥散基组在非化学键相互作用体系的计算中得到了广泛应用。

2.4　平面波与赝势

对于 STO 和 GTO 基组，以及广泛应用的压缩 Gaussian 型基组而言，体系分子轨道均采用原子轨道线性组合（Linear Combination of Atomic Orbitals，LCAO）的方法获得，体系波函数包含了高能态（价电子）和内层电子，而势函数仅反映了原子核的贡献，称为全电子法。由于计算过程中需要处理高阶积分和它们的导数，因此计算量大大增加。对于具有周期性边界条件的体系（例如晶体），LCAO 方法不再具有优势，而需要应用平面波基组的方法描述体系的波函数，用赝势的方法处理原子核和内层电子联合产生的势能[20]。

对于晶体来说，晶格上的同一点在空间做周期性排列，这些点上的电荷密度值和其他点是一样的。在单电子近似和晶格周期场的假定下，可以把晶体中多电子体系问题简化为在晶格周期性势场中的单电子定态问题，这就是著名的布洛赫（Bloch）定理[21]——关于晶格周期场中运动的单电子波函数形式的定理

$$\psi(\boldsymbol{r}+\boldsymbol{R}_n)=\mathrm{e}^{i\boldsymbol{k}\cdot\boldsymbol{R}_n}\psi(\boldsymbol{r}) \tag{2-42}$$

根据 Bloch 定理，在周期性固体中，每个电子的波函数 $\psi(\boldsymbol{r})$ 在平移任意晶格平移矢量 $\boldsymbol{R}_n$ 后，波函数相差一个模量为 1 的相位因子。根据波函数的这种性质，很容易将波函数写成

$$\psi(\boldsymbol{r})=\mathrm{e}^{i\boldsymbol{k}\cdot\boldsymbol{r}}f_k(\boldsymbol{r}) \tag{2-43}$$

这个波函数具有调幅平面波的形式，是一个具有晶格周期性的函数，称为 Bloch 函数或 Bloch 波。对 Bloch 函数中的周期性因子进行傅里叶展开

$$f_k(\boldsymbol{r})=\sum_l C(\boldsymbol{G}_l)\mathrm{e}^{i\boldsymbol{G}_l\cdot\boldsymbol{r}} \tag{2-44}$$

式中，$\boldsymbol{G}$ 代表倒格矢量；$C(\boldsymbol{G}_l)$ 是波函数系数。这样就将轨道波函数表示为具有不同倒格矢量的平面波函数的线性组合

$$\psi(\boldsymbol{r}) = \sum_l C(\boldsymbol{G}_l) e^{i(\boldsymbol{k}+\boldsymbol{G}_l) \cdot \boldsymbol{r}} \qquad (2-45)$$

理论上,在每一个 k 点,电子波函数都需要利用无穷多个平面波函数展开,但为了利用有限的平面波基组展开电子波函数,需要采用最大截断能(Cutoff Energy)加以限制,使轨道波函数中包含的平面波的动能小于设定好的截断能

$$Cutoff \ Energy > \frac{\hbar^2}{2m} \mid k+G \mid^2 \qquad (2-46)$$

式中,$\hbar$ 为约化普朗克常数,$\hbar = \dfrac{h}{2\pi}$(h 为普朗克常数);m 为电子质量。

截断能的具体取值根据研究的体系进行设定,但截断能的设定不可避免地在计算系统的总能量时引入了误差。然而,这个引入的误差可以通过增大截断能的方法予以减小,直至计算的总能量收敛。截断能越大,展开的平面波项越多,对体系波函数的近似就越小。

根据上面的处理方法,体系波函数可以表示为平面波基组的形式,但尚未考虑内层电子对波函数的影响。因为在大多数情况下,主要感兴趣的是参与化学键形成的价电子,而不是化学性质稳定的内壳层电子。在原子核附近,价电子波函数为了和低能级的内层电子保持正交,产生大幅振荡,因而具有很大的动能。另一方面,原子核附近的势能又抵消了很大一部分价电子振荡产生的动能,总的势能被大大削弱了。考虑到价电子和内层电子的这种性质,可以将原子核和内层电子看作一个整体的原子实,将它们联合产生的势能用一个较弱和较平坦的势能替代。同样,可以将在原子核附近剧烈振荡的波函数用一个较平缓的虚假波函数替代,称为赝波函数。由于引入的势能也不是真实的,因此称为赝势(Pseudopotential)。引入赝势后,波函数在内壳层的剧烈振荡部分被去除,使其在内壳层区域表现得更加平缓,因此大大减少了需要准确描述波函数的平面波基组数目,从而简化了计算,节省了计算时间。引入赝势的方法不是唯一的,只要满足"引入的赝势对应的薛定谔方程要与真实势对应的薛定谔方程具有相同的能量本征值"这一原则即可。Cambridge Sequential Total Energy Package(CASTEP)中主要有两种赝势,一种是模守恒赝势[22](Norm-Conserving Pseudopotential,NCP),也称

为保模赝势;另一种是超软赝势[23](Ultrasoft Pseudopotential)。

NCP 相当有名而且是经过彻底验证的。在这种方法中,定义了一个核心区域的截止半径 r_c。在 $r > r_c$ 的区域,波函数保留全电子波函数形式;而在 $r < r_c$ 的区域,需要对波函数形式进行改造,而且改造过程必须满足"改造前波函数在 r_c 之内的总电荷量与改造后波函数在 r_c 之内的总电荷量相等"条件。改造的主要目的就是要把原子核附近振荡剧烈的波函数改造成一个缓慢变化的波函数,同时满足径向没有节点,保证没有比其本征值更低的量子态与其正交。这样只需要以相对较少的平面波展开波函数即可,而无须求解内层电子。用这样一个赝势可以在本征值不变的情况下给出价电子的近似解。NCP 对于在实空间(Real Space)或是倒空间(Reciprocal Space)的波函数均可使用。

2.5 理论计算方法小结(B3LYP,HF,MP2,PBE,PW91)

对于气态或液态的单个分子或小体系的分子团簇,应当采用全电子法进行几何构型的全优化和振动模式分析:根据体系的性质,选择合适的近似方法(HF、MP2、DFT 等)处理薛定谔方程以及相应的劈裂价键基组描述体系波函数,单个分子结构的理论计算可以准确得到分子内的振动模式信息,而对二聚体以及更高层次的团聚体(三聚体、四聚体等)进行数值模拟计算可以得到分子间相互作用的信息,其计算流程如图 2-4 所示。

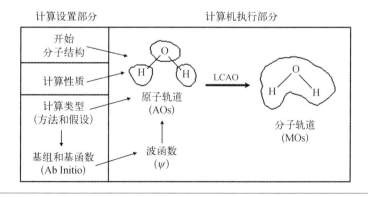

图 2-4
全电子法量化
计算流程示意

对于固体，采用平面波基组赝势法可以准确高效地计算处理固态晶体周期性边界的影响。晶体中晶格的低频振动以及固体物质的太赫兹吸收谱都可通过理论模拟进行辨识和重现。

HF、MP2 和 B3LYP 方法通常用于计算孤立的单分子结构及其性质（例如红外和拉曼光谱）。与 HF 和 B3LYP 泛函方法相比，MP2 方法更多地考虑了分子间的弱相互作用，但 MP2 方法对计算机内存和硬盘要求更高，运行较缓慢，不适用于大体系计算。这三种方法中，B3LYP 泛函方法既适用于单分子，也适用于周期性结构计算，且适合较大体系的精确计算，是使用最多的一种泛函方法[14]。因此，计算单分子结构和性质通常多采用 MP2 和 B3LYP 泛函方法。

除 B3LYP 泛函外，2.2.6 节介绍的 PBE 和 PW91 泛函也常用于周期性结构的计算，这三种泛函都是著名的 GGA 泛函。其中，PBE 泛函是在 PW91 泛函基础上改进而建立的，它具有 PW91 泛函的基本性质，而且这两种泛函的计算结果都能与实验结果达到适当的一致性[13]。此外，与 PBE 和 PW91 泛函相比，B3LYP 泛函在误差范围内计算相同体系所需时间更长[24]。因此，通常主要采用 PBE 和 PW91 泛函计算周期性结构。

2.6　太赫兹特征波谱量化计算软件简介

目前，可用于太赫兹特征波谱量化计算的程序软件很多，常用的商用软件主要包括以下几种。

（1）高斯

高斯（Gaussian）软件程序包包含了很多种算法，主要以半经验、从头算和密度泛函等算法为主，应用非常广泛。现阶段 Gaussian 软件程序包的主要计算对象为有机大分子体系，通过计算分子体系的能量，可以给出分子体系的红外振动模式。当然，Gaussian 软件程序包也可以对聚合物进行计算，只是这种情况下通常 MP2 方法计算效果更好。上节提到的 MP2 方法、HF 方法和 DFT 方法均包含在 Gaussian 软件程序包中。

（2）Materials Studio

Materials Studio(MS)是一款广泛用于材料科学领域的量化计算软件,主要研究物质的材料特性、电子结构以及晶体的光学性质等,是现阶段用于分析新材料特性最受欢迎的软件之一。与 Gaussian 软件程序包不同,MS 软件中的 CASTEP 模块是以平面波赝势为基组,多用于周期性结构物质的光谱计算,因而该模块常用于解析物质的太赫兹特征吸收谱以及远红外吸收谱。

（3）Vienna Ab‐initio Simulation Package

Vienna Ab‐initio Simulation Package(VASP)是以赝势和平面波为基组进行从头量化计算的一款免费软件包。相较于 Guassian 及 Materials Studio 昂贵的收费,VASP 是一款开放源代码的软件,可以替代 Materials Studio 的部分功能,进行物质材料结构预测以及光学模式计算,是一款很有发展潜力的量化计算软件。

参考文献

［1］ Jepsen P U, Fischer B M. Dynamic range in terahertz time-domain transmission and reflection spectroscopy[J]. Optics Letters, 2005, 30(1): 29-31.

［2］ Dorney T D, Baraniuk R G, Mittleman D M. Material parameter estimation with terahertz time-domain spectroscopy[J]. Journal of the Optical Society of America A, 2001, 18(7): 1562-1571.

［3］ Piela L. Ideas of quantum chemistry[M]. Elsevier Science, 2007.

［4］ Hartree D R. The wave mechanics of an atom with a non-coulomb central field. Part I. Theory and methods [J]. Mathematical Proceedings of the Cambridge Philosophical Society, 1928, 24(1): 89-110.

［5］ Roothan C C J. New developments in molecular orbital theory[J]. Reviews of Modern Physics, 1951, 23(2): 69-89.

［6］ Slater J C. The self consistent field and the structure of atoms[J]. Physical Review, 1928, 32(3): 339-348.

［7］ Møller C, Plesset M S. Note on an approximation treatment for many-electron system[J]. Physical Review, 1934, 46(7): 618-622.

［8］ Levine I N. Quantum Chemistry [M]. 6th Edition. Upper Saddle River, New Jersey: Pearson Prentice Hall, 2009.

[9] Hohenberg P, Kohn W. Inhomogeneous electron gas[J]. Physical Review B, 1964, 136(3): 864 – 871.

[10] Kohn W, Sham L J. Self-consistent equations including exchange and correlation effects[J]. Physical Review A, 1965, 140(4): 1133 – 1138.

[11] Langreth D C, Perdew J P. Theory of nonuniform electronic systems. I. Analysis of the gradient approximation and a generalization that works[J]. Physical Review B, 1980, 21(12): 5469 – 5493.

[12] Perdew J P, Chevary J A, Vosko S H, et al. Atoms, molecules, solids, and surfaces: applications of the generalized gradient approximation for exchange and correlation[J]. Physical Review B, 1992, 46(11): 6671 – 6687.

[13] Perdew J P, Burke K, Ernzerhof M. Generalized gradient approximation made simple[J]. Physical Review Letters, 1996, 77(18): 3865 – 3868.

[14] Stephens P J, Devlin F J, Chabalowski C F, et al. Ab initio calculation of vibrational absorption and circular dichroism spectra using density functional force fields[J]. The Journal of Physical Chemistry, 1994, 98(45): 11623 – 11627.

[15] Becke A D. Density-functional thermochemistry. III. The role of exact exchange[J]. The Journal of Chemical Physics, 1993, 98(7): 5648 – 5652.

[16] Becke A D. Density-functional exchange-energy approximation with correct asymptotic behavior[J]. Physical Review A, 1988, 38(6): 3098 – 3100.

[17] Lee C, Yang W, Parr R G. Development of the Colle-Salvetti correlation-energy formula into a functional of the electron density[J]. Physical Review B, 1988, 37(2): 785 – 789.

[18] James H M, Coolidge A S. The ground state of the hydrogen molecule[J]. The Journal of Chemical Physics, 1933, 1(12): 825 – 835.

[19] Boys S F. Electronic wave functions. I. A general method of calculation for the stationary states of any molecular system[J]. Proceedings of the Royal Society A, 1950, 200(1063): 542 – 554.

[20] Andrews S B, Burton N A, Hillier I H, et al. Molecular electronic structure calculations employing a plane wave basis: a comparison with Gaussian basis calculations[J]. Chemical Physics Letters, 1996, 261(4 – 5): 521 – 526.

[21] 谢希德,陆栋.固体能带理论[M].上海:复旦大学出版社,1999.

[22] Hamann D R, Schlüeter M, Chiang C. Norm-conserving pseudopotentials[J]. Physical Review Letters, 1979, 43(20): 1494 – 1497.

[23] Vanderbilt D. Soft self-consistent pseudopotentials in generalized eigenvalue formalism[J]. Physical Review B, 1990, 41(11): 7892 – 7895.

[24] King M D, Buchanan W D, Korter T M. Understanding the terahertz spectra of crystalline pharmaceuticals: terahertz spectroscopy and solid-state density functional theory study of (S)-(+)-ibuprofen and (RS)-ibuprofen[J]. Journal of Pharmaceutical Sciences, 2011, 100(3): 1116 – 1129.

3

丙氨酸、苯丙氨酸和酪氨酸的太赫兹特征波谱

3.1 氨基酸及其太赫兹波谱研究现状

氨基酸(Amino Acid)是构成生物功能大分子蛋白质的基本组成单位,它赋予蛋白质特定的分子结构形态,并且对维持机体内蛋白质的动态平衡意义重大。氨基酸在人体内通过新陈代谢可以发挥下列作用:

① 合成组织蛋白质;

② 转化成酸、激素、抗体、肌酸等含氮物质;

③ 转变为碳水化合物和脂肪;

④ 氧化成二氧化碳、水及尿素,产生能量。

组成人体蛋白质的氨基酸有 20 种,其中人体(或其他脊椎动物)难以自身合成以满足机体需要而必须经由外界食物蛋白供给的 8 种必需氨基酸具体如下[1]。

① 赖氨酸:促进大脑发育和脂肪代谢,肝和胆的有效组成成分,调节松果腺、乳腺、黄体及卵巢,防止细胞退化。

② 色氨酸:促进胃液和胰液产生。

③ 苯丙氨酸:参与消除肾及膀胱机能损耗。

④ 蛋氨酸(甲硫氨酸):参与组成血红蛋白、组织与血清,促进脾脏、胰脏及淋巴机能。

⑤ 苏氨酸:转变某些氨基酸以保持平衡。

⑥ 异亮氨酸:参与胸腺、脾脏及脑下腺的调节和代谢,作用于甲状腺、性腺。

⑦ 亮氨酸:平衡异亮氨酸。

⑧ 缬氨酸:作用于黄体、乳腺及卵巢。

此外,还有 2 种人体能够自身合成但在一定成长阶段难以满足正常需要的半必需氨基酸(条件必需氨基酸):精氨酸和组氨酸。这两种氨基酸在人类的幼儿生长期属于必需氨基酸,但随着年龄的增加,人体对这两种氨基酸的需要量显著下降。尽管如此,近年来很多资料和教科书已将组氨酸划入成人必需氨基酸。而甘氨酸、丙氨酸、酪氨酸、脯氨酸、丝氨酸、半胱氨酸、天冬酰胺、谷氨酰胺、天冬氨酸、谷氨酸等其他氨基酸属于非必需氨基酸,因为它们可由人(或其他脊椎动物)通过简单的前体合成以满足机体需要而不需要从食物中摄取。

对于人类而言,如果人体缺乏任何一种必需氨基酸,就可能导致其生理功能异常,影响机体新陈代谢的正常进行,最终导致疾病发生。而且,即使缺乏某些非必需氨基酸,也有可能产生机体代谢障碍。例如,精氨酸和瓜氨酸对形成尿素十分重要;胱氨酸摄入不足就会引起胰岛素分泌减少,进而造成血糖升高;受到创伤后,胱氨酸和精氨酸的需要量大增,如果缺乏这两种氨基酸,即使获得的热能充足也难以顺利合成人体所需的蛋白质。

氨基酸通常为无色结晶体,其结晶形状因氨基酸的分子结构不同而有所差异,例如 L-谷氨酸为四角柱形结晶,而 D-谷氨酸则为菱形片状结晶。氨基酸结晶体的熔点较高,一般在 $200\sim300\,℃$,比常见有机化合物的熔点高很多,许多氨基酸在达到或接近熔点时会分解成胺和 CO_2。氨基酸通常易溶于水、酸溶液和碱溶液,不溶或微溶于乙醇或乙醚等有机溶剂。然而不同种类的氨基酸在水中的溶解度差别很大,其中赖氨酸、精氨酸、脯氨酸的溶解度较大,而酪氨酸、半胱氨酸、组氨酸的溶解度很小,例如 $25\,℃$时,$100\,g$ 水中仅可溶解酪氨酸 $0.045\,g$,但酪氨酸在热水中的溶解度较大。

氨基酸及其衍生物通常具有一定的味感,例如酸、甜、苦、鲜、涩等,这与氨基酸的种类、立体结构有关。从立体结构上讲,一般 D-氨基酸都具有甜味,而且其甜味强度高于相应的 L-氨基酸。

第一种被人类发现的氨基酸是 1806 年由法国化学家从芦笋中分离出的天冬氨酸,而世界上最早从事氨基酸工业化生产的是日本味之素公司的创造人池田菊苗。池田菊苗于 20 世纪 40 年代初在实验室中偶然发现,在海带浸泡液中可提取出一种白色针状结晶物,该物质具有强烈鲜味,分析结果表明它属于谷氨酸的一种钠盐。随后,谷氨酸成为世界上第一种工业化生产的氨基酸单一产品,食品级的谷氨酸钠开始获得广泛应用。现在,谷氨酸单钠盐和甘氨酸是用量最大的鲜味调味料。随着氨基酸生产技术的不断革新,氨基酸在医药以及食品等与人类生活密切相关的行业中发挥着越来越重大的作用。

氨基酸主要由碳、氢、氧、氮等元素组成,是羧酸碳原子上的氢原子被氨基取代后形成的有机化合物,结构上氨基酸分子中含有碱性氨基和酸性羧基两种官能团,如图 3-1 所示。因此,氨基酸既能和较强的酸反应,也能与较强的碱反应而生成稳定的盐,具有两性化合物的特征[1]。此外,与羟基酸类似,氨基酸可以按照氨基接连在碳链上的不同位置而分为 $\alpha-、\beta-、\gamma-、\cdots、\omega-$ 氨基酸,例如氨基连在 α-碳上的氨基酸称为 α-氨基酸,通常经蛋白质水解后得到的氨基酸都是 α-氨基酸,而且仅有二十几种[2]。

图 3-1
氨基酸分子结构通式

组成人体蛋白质的 20 种氨基酸在分子结构上的差别取决于主要侧链基团 R 的不同,通常可以根据氨基酸分子侧链 R 基团的化学结构或性质将其分为以下四类[3]。

① 含有非极性、疏水性 R 基团的氨基酸:丙氨酸、缬氨酸、亮氨酸、异亮氨酸、脯氨酸、苯丙氨酸、色氨酸、蛋氨酸。

② 含有极性、中性 R 基团(不带电荷)的氨基酸:甘氨酸、丝氨酸、苏氨酸、半胱氨酸、酪氨酸、天冬酰胺、谷氨酰胺。

③ 含有极性、碱性 R 基团(带正电荷)的氨基酸:赖氨酸、精氨酸、组氨酸。

④ 含有极性、酸性 R 基团(带负电荷)的氨基酸:天冬氨酸、谷氨酸。

氨基酸分子间相互作用力很强,分子间通常以 N—H···O 氢键连接,部分氨基酸中也存在 O—H···O 氢键。从分子结构看,氨基酸就是一个大的偶极子,因而对它进行太赫兹特征波谱研究有利于深入了解蛋白质的微观结构及其功能。另一方面,由于氨基酸拥有众多的同分异构体,研究氨基酸的太赫兹特征吸收谱也有助于食品和医药行业对其进行快速鉴别。

研究氨基酸太赫兹谱的相关论文很多[4-14]。Sakamoto[9]等利用太赫兹波时域光谱(THz-TDS)技术对亮氨酸和苏氨酸的同分异构体进行了实验分析,比较了重结晶前与重结晶后的特征吸收峰,发现 D-亮氨酸、L-亮氨酸、DL-亮氨酸和苏氨酸吸收峰的半宽度或吸收峰的位置发生了明显变化,表明太赫兹波时域光谱技术非常适合用于研究存在分子间相互作用细微变化的物质。Miyamaru[10]等对天冬酰胺及其手性异构体进行了研究。Shi[11]等辨别了 α-甘氨酸和 γ-甘氨酸。Yamaguchi[12]等分析了 L-苏氨酸、D-苏氨酸和 DL-苏氨酸。Korter[13]等研究了结构近似的半胱氨酸和丝氨酸在液氮和室温下的太赫兹吸收谱图,发现半胱氨酸和丝氨酸分子内一个原子的差异引起的分子间相互作用力的变化是导致它们的太赫兹特征吸收谱显著不同的主要原因。Ueno[14]等利用 THz-TDS 定量测试了谷氨酸、半胱氨酸和组氨酸。

图 3-2 是丙氨酸、苯丙氨酸和酪氨酸的分子结构示意。可以看出,三种氨基酸的分子结构都含有氨基酸特有的官能团——氨基和羧基,但是从左侧的丙氨酸开始,随着分子结构的侧链官能团(图 3-1 的侧链基团 R)依次增加,既有相似的官能团结构(右侧的氨基和羧基)也有相异的官能团结构(左侧依次增加的侧链基团),这三种氨基酸在太赫兹频段的特征吸收峰也相应变得越来越复杂。

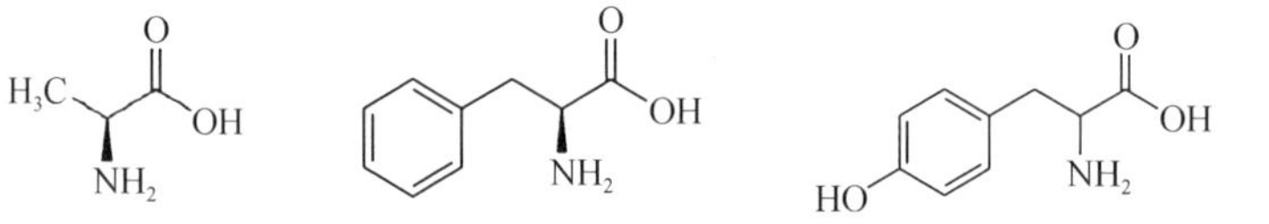

图 3-2
丙氨酸、苯丙氨酸和酪氨酸的分子结构示意(从左至右)

丙氨酸、苯丙氨酸和酪氨酸均属于氨基酸,丙氨酸又属于最基本的氨基酸之一,三种氨基酸在常温下都是白色结晶体或结晶粉末,但是它们在医药及食品行业的用途迥然不同。丙氨酸、苯丙氨酸和酪氨酸对于人类的健康和饮食至关重要,因此辨别三种氨基酸及研究它们的分子结构和振动谱,对于深入研究氨基酸的特性和监测氨基酸工业生产具有重要的现实意义。

因此,这里主要以丙氨酸、苯丙氨酸和酪氨酸为研究对象,在数值模拟计算的基础上,通过分析比较这三种氨基酸分子的结构特征,实验测试总结它们在太赫兹频段特征吸收峰的异同,为进一步研究这三种氨基酸在生物体内的功能作用奠定基础,并为工业辨识这三种氨基酸开辟新途径。

3.2　丙氨酸的物化特性及结构描述

丙氨酸(CAS 编号：56-41-7)是构成蛋白质的基本单位,也是组成人体蛋白质的 20 种氨基酸之一,其分子式为 $C_3H_7NO_2$。丙氨酸通常是白色或类白色结晶性粉末,熔点约为200℃,溶于水,微溶于乙醇,不溶于乙醚和丙酮,有香气。工业上,丙氨酸是用于合成新型甜味剂以及某些手性药物中间体的原料,主要用于生化研究、组织培养、肝功能测定、增味剂,可增加调味品的调味效果,亦可用作酸味矫正剂,改善有机酸的酸味等。此外,丙氨酸还可以预防肾结石、协助葡萄糖的新陈代谢,有助于缓和人体低血糖,改善身体能量等。

图3-3是L-丙氨酸的晶胞结构,红色点线代表L-丙氨酸晶胞内部分子间的氢键。L-丙氨酸晶胞结构属于正交晶系,空间群为P2₁2₁2₁,每个晶胞包含4个L-丙氨酸分子,每个L-丙氨酸分子含有13个原子[15],其具体晶胞参数[15]如下:$a=6.032$ Å, $b=12.343$ Å, $c=5.784$ Å, $\alpha=\beta=\gamma=90.0°$,晶胞体积$V=429.4$ Å³。由图3-2(a)可知,L-丙氨酸的单个分子没有任何对称性,因而所有的33个分子内振动模式均具有红外活性。L-丙氨酸晶胞共有52个原子,即L-丙氨酸晶胞共包含153个振动模式(52×3-3),其中132个分子内振动模式(每个L-丙氨酸分子含有33个分子内振动模式,13×3-6)和21个分子间振动模式($5a+5b+5c+6d$)。但由于L-丙氨酸晶胞具有D₂的对称性,而对称性为

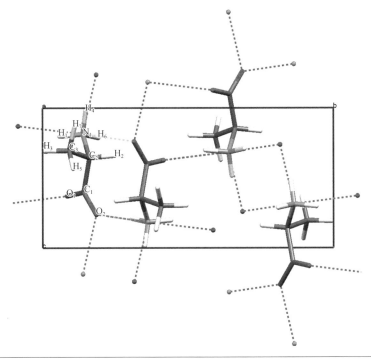

图3-3
L-丙氨酸的晶胞结构

d 的振动模式并不显示红外活性,因此对于 L-丙氨酸晶胞而言,总共是 132 个分子内振动模式和 15 个分子间振动模式具有红外活性。

3.3 丙氨酸的振动模式计算与太赫兹波谱测试

这里着重介绍 L-丙氨酸在 0.5～4 THz 内的太赫兹特征波谱实验测试和数值模拟情况。

L-丙氨酸在 0.5～4 THz 内的太赫兹特征波谱是利用 THz-TDS 系统在室温条件下获得。THz-TDS 系统采用飞秒激光振荡器输出超短飞秒激光脉冲,激发光电导天线产生超短太赫兹脉冲,采用自由空间电光采样技术实现超短太赫兹脉冲探测[16]。

实验测试时,为了减少空气中的水汽成分对太赫兹波的吸收,通常将 THz-TDS 系统的主要光路置于充满干燥氮气或干燥空气的封闭箱体内。如果被测试样品在太赫兹频段的吸收强度很大,则还需在样品中掺入一定量的分散剂以减弱样品的吸收强度,以便测量到更宽的吸收频谱。使用的分散剂必须在测试的太赫兹频段内没有明显的特征吸收峰,一般实验添加的分散剂为高密度聚乙烯(HDPE)或聚四氟乙烯(PTFE),这两种物质在通常测试的太赫兹频段几乎透明[17]。

图 3-4 是空气和 PTFE 压片(厚度为 2 mm)在太赫兹频段的频谱。由图 3-4 可见,PTFE 在 4 THz 以下没有明显的特征吸收峰,是进行物质太赫兹频段特征频谱测试的理想分散剂。

实验测试的 L-丙氨酸纯度是分析纯(>99.5%),实验测试过程中未对其进行进一步的净化。被测试样品由 L-丙氨酸与 PTFE 以质量比 1∶15 混合而成,混合样品经过充分地均匀搅拌,利用压片机以 600 kg/cm² 压力压制成厚度为 2.40 mm 的片状结构。实验测试过程中,以室温下相同厚度的 PTFE 压片作为测试参考。

在利用 THz-TDS 系统测试 L-丙氨酸的太赫兹特征频谱之前,为了验证 L-丙氨酸的纯度,首先利用 X 射线粉末衍射仪(型号:D/MAX-3C)进行 L-丙氨酸的 X 射线衍射实验测试(数据采集的 2θ 是 10°～50°,采用 Cu K_{α} 辐射),并与已发表的参考文献数据[15]进行了比较。

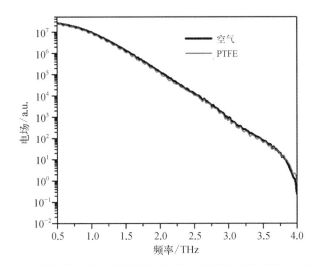

图 3-4
空气和 PTFE
的太赫兹频谱

图 3-5(a)是实验测试的 L-丙氨酸的 X 射线衍射谱实测值,而图 3-5(b)是参考文献数据[15],可以看出,L-丙氨酸样品的 X 射线衍射实验测试结果与数值模拟所采用的 L-丙氨酸分子结构的输入数据匹配,这是 L-丙氨酸的太赫兹特征频谱实验测试结果与数值模拟结果进行对比分析的基础。

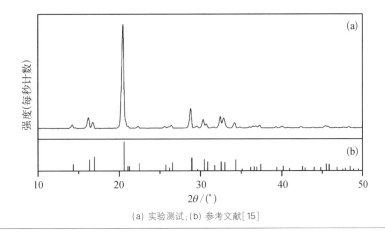

图 3-5
L-丙氨酸的 X
射线衍射谱

(a) 实验测试;(b) 参考文献[15]

为了具体分析实验测试获得的 L-丙氨酸太赫兹特征谱,还需要数值模拟仿真结果进行辅助分析。

数值模拟计算因为模拟计算对象的不同可分为单分子和晶胞周期结构。针对两种不同的对象,分别采用分子线性轨道和平面波赝势模型。L-丙氨酸的单分子数值模拟计算以线性分子轨道方法（Linearity Combination of Atomic Orbital，LCAO）为基础，具体计算方法是利用 Hartree - Fock(HF)[18]方程和 6 - 311＋＋G(d, p)基组，采用自洽方法和"紧收敛"判据计算分子体系能量。而 L-丙氨酸的晶胞周期结构模拟计算以平面波赝势模型为基础，Perdew - Wang 91(PW91)采用交换相关方法[19]，选取总能量收敛标准是 10^{-8} eV/atom，在原子坐标优化过程中的最大力常数收敛小于 10^{-5} eV/Å。

对于 L-丙氨酸而言，有两点需要特别关注：一是 L-丙氨酸分子在晶胞中呈现两性离子状态[CH_3CH—(NH_3^+)—COO^-]，经过 HF 函数的优化算法优化后变成了中性状态[CH_3CH—(NH_2)—$COOH$]；二是在理论计算中，L-丙氨酸的单分子计算只涉及分子内振动模式，而晶胞周期结构计算则包含分子间和分子内两类振动模式。

图 3-6 是 L-丙氨酸分子在结构优化前和优化后的分子结构示意。可以看出，优化前的 L-丙氨酸分子结构呈两性离子状态[CH_3CH—(NH_3^+)—COO^-]，而优化后的 L-丙氨酸分子结构则变成中性状态[CH_3CH—(NH_2)—$COOH$]。从结构优化前后 L-丙氨酸分子结构的变化中可以看出，单个 L-丙氨酸分子在中性状态下的能量低于两性离子状态下的能量。在中性状态下，一个新的分子内氢键在羧基和羟基之间形成以支撑 L-丙氨酸分子结构。然而，在 L-丙氨酸的晶胞中，它的四个分子均是以两性离子状态存在的，这可能依赖于分子间的相互作用力，而体系升华焓的总能量可以确定晶胞体系中分子以何种形态存在[20]。

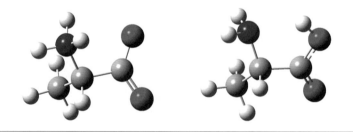

图 3-6
L-丙氨酸分子在结构优化前（左）和优化后（右）的分子结构示意

在 L-丙氨酸单分子模拟计算中获得了一个中心频率位于 1.89 THz (62.46 cm^{-1})的分子内振动吸收峰，但是实际的实验测试并未在此频段发现明显的特征吸收峰，原因或许就是结构优化前后的 L-丙氨酸分子结构变化，造成了实验测试结果和单分子数值模拟计算结果出现不一致的情况。

此外，将优化后的L-丙氨酸单分子结构置于晶胞中数值仿真其太赫兹特征频谱[21]，发现中心频率最小的特征吸收峰应该位于5.70 THz(188 cm^{-1})，而这里直接采用周期结构数值计算的L-丙氨酸太赫兹特征吸收峰最小的中心频率是2.25 THz，说明利用模拟计算的L-丙氨酸单分子的太赫兹特征频谱解析实验测试的固态L-丙氨酸的太赫兹特征频谱时需要特别慎重。

由于L-丙氨酸单分子的数值模拟结果无法对实验测试获得的特征吸收峰进行准确解析，因而需要采用固态理论对L-丙氨酸晶胞结构进行数值模拟。模拟计算过程中只对L-丙氨酸分子中的原子坐标进行优化，所采用的晶体参数均来源于参考文献[15]。关于L-丙氨酸的分子结构研究详见参考文献[22-24]。

表3-1是采用PW91方法数值模拟计算获得的L-丙氨酸分子的键长和键角值，与之对应的实验数据来自参考文献[15]。为了更明显地查看实验测试结果和数值模拟计算结果的匹配程度，表3-1同时计算了两者之间的均方根偏差(Root Mean Square Deviation，RMSD)，用于总体表明实验测试和数值模拟计算之间的差异。RMSD值越小，说明实验测试结果和数值模拟计算结果之间的差异越小。

表3-1
实验测试和数值模拟计算获得的L-丙氨酸分子的键长和键角值

键　　　长	实验值/Å	计算值/Å
C_1—C_2	1.531	1.536
C_2—C_3	1.524	1.506
C_2—H_2	1.093	1.088
C_3—H_5	1.082	1.086
C_3—H_3	1.081	1.088
C_3—H_7	1.081	1.087
C_2—N_1	1.487	1.488
N_1—H_1	1.029	1.042
N_1—H_4	1.047	1.065
N_1—H_6	1.031	1.047
C_1—O_1	1.242	1.160
C_1—O_2	1.258	1.185
RMSD/Å		0.033

键　角	实验值/(°)	计算值/(°)
$C_1—C_2—C_3$	111.07	110.32
$C_2—C_3—H_5$	110.57	110.73
$C_2—C_3—H_3$	110.33	110.50
$C_2—C_3—H_7$	111.37	110.83
$H_7—C_3—H_5$	108.36	108.14
$H_7—C_3—H_3$	108.25	108.31
$H_3—C_3—H_5$	108.90	108.24
$C_1—C_2—H_2$	108.55	108.94
$C_1—C_2—N_1$	110.05	110.98
$C_2—N_1—H_1$	111.33	110.56
$C_2—N_1—H_4$	109.40	109.98
$C_2—N_1—H_6$	109.05	110.26
$C_2—C_1—O_1$	118.39	118.00
$C_2—C_1—O_2$	115.97	115.71
RMSD/(°)		0.59

从表3-1可见,固态理论计算结果与实验测试获得的L-丙氨酸结构数据一致性很好,其中键长的 RMSD 值为 0.033 Å,键角的 RMSD 值为 0.59°。

图3-7是L-丙氨酸实验测试(上)和数值计算(下)获得的太赫兹频段特征频谱。从图3-7可见,采用 PW91 方法数值计算获得了 4 个明显的特征吸收峰。对比数值计算与实验测试结果,发现实验测试获得的太赫兹特征吸收峰与数值计算获得的太赫兹特征吸收峰具有很好的一致性。

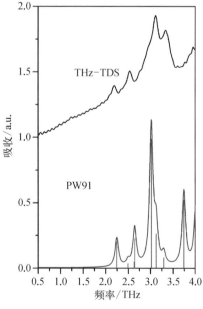

图3-7
实验测试(THz-TDS)和数值计算(PW91)获得的L-丙氨酸太赫兹特征频谱

实验测试结果中,L-丙氨酸展现了 4 个特别明显的特征吸收峰,其中心频率分别位于 2.20 THz、2.53 THz、3.11 THz 和 3.33 THz,而通过数值模拟计算共获得了 9 个具有红外活性的振动模式。不过,通过仔细对比可以发现,在通过数值模拟计算总共获得的 9 个振动模式中,有 4 个中心频率分别位于 2.50 THz、2.63 THz、3.17 THz 和 3.29 THz 的振动模式强度非常微弱,所以针对实验测试结果的解析主要依靠其余 5 个数值模拟计算获得的振动模式。

表 3-2 罗列了实验测试获得的太赫兹频段特征吸收峰中心频率及其对应的模拟计算振动模式的中心频率和红外强度。可以看出,相较于 L-丙氨酸的单分子数值模拟计算结果,基于固态理论获得的数值模拟计算结果发生了本质变化,基本复现了基于 THz-TDS 技术实验测试获得的 L-丙氨酸的特征吸收峰的峰位以及强度。可见,采用固态理论数值模拟解析物质的太赫兹频谱是相当重要的。尽管如此,对比表 3-2 的实验测试结果和数值模拟计算结果,仍然可以发现基于固态理论进行数值模拟的一些瑕疵。例如数值模拟仿真获得的振动模式相较于 THz-TDS 实验测试结果或多或少地存在向高频移动的现象,尤其是中心频率位于 3.74 THz 的振动模式,原因可能是采用的数值计算方法在这个振动模式附近高估了体系的总能量。当然,这也不是一个偶然现象,在很多类似的固态数值模拟计算中,这种现象或多或少都存在[25-28]。

表 3-2
实验测试和模拟计算获得的 L-丙氨酸的太赫兹特征吸收峰(单位: THz)

实验测试	模 拟 计 算	
	晶 胞	描 述
2.20	2.25 (7.33)①	绕晶胞 a 轴平动
	2.50 (1.35)	绕晶胞 a 轴平动
2.53	2.63 (1.75)	绕晶胞 c 轴平动
	2.65 (8.13)	绕晶胞 c 轴平动
3.11	3.02 (35.6)	—CH_3 官能团摆动
	3.12 (9.48)	C_2 和 C_3 键摆动
	3.17 (0.16)	绕晶胞 c 轴平动
	3.29 (2.93)	绕晶胞 b 轴转动
3.33	3.74 (18.75)	绕晶胞 b 轴转动

① 括号里的数字表示红外强度(km/mol)。

为了进一步分析说明 L-丙氨酸的太赫兹频段特征吸收峰来源,表 3-2 根据数值模拟计算结果对实验测试 L-丙氨酸获得的各个特征吸收峰的归属进行了分析总结,其中各振动模式的归属是根据可见的原子位移以及振动模式中的最大贡献量而确定的。通过对 L-丙氨酸的实验测试结果和数值模拟计算获得的振动模式进行一一匹配,其特征吸收峰的归属如下:实验测试获得的中心频率分别位于 2.20 THz 和 2.53 THz 的特征吸收峰来源于分子间相互作用,这与参考文献[21]的实验测试结果一致;实验测试获得的中心频率位于 3.11 THz 的特征吸收峰来源于分子内的振动,而实验测试获得的中心频率位于 3.33 THz 的特征吸收峰始于分子间相互作用,这两个实验测试获得的特征吸收峰的归属也可在参考文献[23]中获得证实。其中 DL-丙氨酸在 2.0～5.0 THz 内存在一个中心频率位于 3.15 THz 附近的特征吸收峰。

表 3-3 汇总了实验测试 L-丙氨酸的太赫兹频段特征频谱的相关结果[9,12,20]。从表 3-3 可见,实验测试结果与参考文献结果吻合。在参考文献[20]中,研究发现当样品温度从 300 K 降到 6 K 时,L-丙氨酸的太赫兹频段特征吸收峰均向高频移动,特别是 6 K 时中心频率分别位于 3.33 THz 和 3.81 THz 的两个特征吸收峰,它们的频移量分别达到了 5 cm^{-1} 和 13 cm^{-1}。这样明显的频移表明,L-丙氨酸的太赫兹频段特征吸收峰对于周围环境温度非常敏感。

表 3-3 实验获得的 L-丙氨酸的太赫兹特征吸收峰(单位:THz)

实　验	参考文献[20]		参考文献[12]	参考文献[9]
RT	6 K	300 K	RT	RT
2.20	2.26	2.21	2.25	2.25
2.53	2.64	2.58	2.60	2.60
3.11	3.33	2.85①		3.20
3.33	3.81	3.18		3.40
		3.41		

① 该吸收峰是较弱的 3.18 THz 特征吸收峰的一个肩峰。

3.4　苯丙氨酸及其晶体结构

苯丙氨酸(CAS 编号:63-91-2)也称作 2-氨基苯丙酸,是 α-氨基酸的一种,属于人体和动物不能靠自身自然合成的必需氨基酸之一。苯丙氨酸常温下为白色结晶或结晶性粉末固体,熔点为283℃,沸点为295℃,溶于水,难溶于甲醇、乙醇、乙醚。苯丙氨酸是具有生理活性的芳香族氨基酸,在人体内大部分经过苯丙氨酸羟化酶的催化作用氧化成酪氨酸,并与酪氨酸一起合成重要的神经递质和激素,参与机体糖代谢和脂肪代谢[29]。

在医药领域,苯丙氨酸是制备苯丙氨苄、甲酸溶肉瘤素等氨基酸类抗癌药物的中间体,也是生产肾上腺素、甲状腺素和黑色素的原材料。已有研究表明,L-苯丙氨酸可以作为抗癌药物的载体将药物分子直接导入癌瘤区,其效果是其他氨基酸的3~5倍,这样既可以抑制癌瘤生长,又可以降低药物的毒副作用。在食品领域,苯丙氨酸可添加于焙烤食品中,强化苯丙氨酸的营养作用,还可与糖类发生氨基-羧化反应以改善食品香味,并补充人体所需功能性食品氨基酸平衡;L-苯丙氨酸是生产具有甜味纯正、高甜度(甜度是蔗糖的200倍,但热值不到蔗糖的二百分之一)特点的新型保健型甜味剂阿斯巴甜的主要原料。

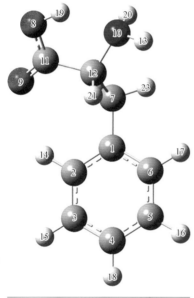

图3-8
苯丙氨酸的分子结构示意

图3-8是苯丙氨酸的分子结构示意,其分子式为$C_9H_{11}NO_2$,具有氨基酸分子的氨基和羧基。相较于前面提到的丙氨酸,苯丙氨酸分子结构增加了一个苯环,使得其分子的三维结构以及结构式变得更为复杂,其物理化学性质亦发生了根本性的变化。

3.5 苯丙氨酸的太赫兹波谱及计算振动模式分析

苯丙氨酸的样品制备和实验测试过程类似前面提及的丙氨酸,这里就不再赘述。图3-9是实验测试的苯丙氨酸在0.5~4 THz内的特征吸收谱。

可以看出,在0.5~4 THz内共实验测试到中心频率分别位于1.17 THz、

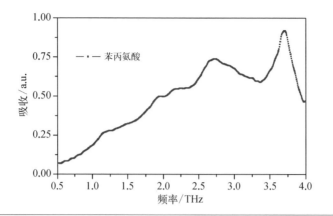

图 3 - 9
苯丙氨酸的太
赫兹特征吸
收谱

1.93 THz、2.16 THz、2.70 THz 和 3.70 THz 的 5 个特征吸收峰。其中,中心
频率分别位于 1.17 THz、1.93 THz 和 2.16 THz 的 3 个特征吸收峰强度较
弱,中心频率位于 2.70 THz 的特征吸收峰是 1 个明显的中等强度特征吸收
峰,而中心频率位于 3.70 THz 的特征吸收峰则是 1 个非常强的特征吸收峰。
李元波等实验获得了中心频率分别位于 1.23 THz、1.52 THz 和 1.99 THz 的
3 个太赫兹吸收峰[30],但其中心频率位于 1.52 THz 的特征吸收峰难以分辨,
由于图 3 - 9 显示在 1.50 THz 附近的特征吸收峰亦不明显,故在此不做深入
讨论。

由于没有找到有关苯丙氨酸分子结构的 X 射线衍射实验测试数据,所以这
里只尝试进行苯丙氨酸的单分子模拟计算。通过自建分子结构以及结构优化,
获得了最低能量的苯丙氨酸分子结构式并进行特征吸收频率计算。数值模拟方
法分别采用杂化密度泛函 B3LYP 和泛函 HF。

由表 3 - 4 可见,采用 HF 方法模拟计算获得的苯丙氨酸分子键长均小于采
用基于密度泛函(DFT)方法的杂化密度泛函 B3LYP 的计算值。在苯丙氨酸分
子内部苯环的 C—C 键模拟计算中,分别采用 HF 方法和基于密度泛函方法的
杂化密度泛函 B3LYP 数值计算获得的苯丙氨酸分子键长的 RMSD 值为 0.009 Å;
而在苯丙氨酸分子内部苯环的 C—H 键模拟计算中,分别采用 HF 方法和基于
密度泛函方法的杂化密度泛函 B3LYP 数值计算获得的苯丙氨酸分子键长的
RMSD 值为 0.008 Å。由此可见,苯丙氨酸分子内部苯环中的 C—C 键和 C—H

键的键长在分别采用杂化密度泛函 B3LYP 和泛函 HF 进行数值模拟计算时的结果差异非常小。

表 3-4
数值模拟计算获得的苯丙氨酸分子的键长（单位：Å）及键角[单位：(°)]值

键 长	B3LYP	HF	键 长	B3LYP	HF
C_1—C_2	1.401	1.393	C_2—H_{14}	1.083	1.077
C_2—C_3	1.393	1.384	C_3—H_{15}	1.084	1.076
C_3—C_4	1.395	1.387	C_5—H_{16}	1.084	1.076
C_4—C_5	1.393	1.383	C_6—H_{17}	1.086	1.077
C_5—C_6	1.395	1.388	C_4—H_{18}	1.084	1.075
C_6—C_1	1.400	1.388			
	RMSD	0.009		RMSD	0.008
键 角	B3LYP	HF	键 角	B3LYP	HF
C_1—C_2—C_3	120.96	121.38	C_2—C_1—C_7	121.41	121.35
C_2—C_3—C_4	120.20	119.95	C_{11}—O_8—H_{19}	105.66	108.78
C_3—C_4—C_5	119.42	119.73	C_{12}—C_{11}—O_9	123.79	122.78
C_4—C_5—O_6	120.17	119.70	C_7—C_{12}—N_{10}	116.03	115.62
C_5—C_6—C_1	120.99	121.53	C_1—C_7—H_{23}	108.35	109.84
O_6—C_1—C_2	118.25	117.70	C_{12}—C_{11}—O_8	113.69	114.98
	RMSD	0.44		RMSD	1.57

此外，分别采用 HF 方法和基于 DFT 方法的杂化密度泛函 B3LYP 数值计算苯丙氨酸分子内部苯环的 C—C—C 键角亦显示了较小的差别，其 RMSD 值为 0.44°；在苯丙氨酸分子骨架键角的模拟计算中，分别采用 HF 方法和基于密度泛函方法的杂化密度泛函 B3LYP 数值计算结果的 RMSD 值为 1.57°，相较于数值计算苯丙氨酸分子内部苯环的 C—C—C 键角差别较大。由此可见，这里进行的单分子苯丙氨酸的数值模拟计算还是非常成功的。

苯丙氨酸分子含有 23 个原子，对称性为 C_1，应该共有 63 个分子内振动模式（$3N-6$，$N=23$）。表 3-5 是苯丙氨酸在太赫兹频段实验测试和数值模拟计算获得的特征吸收峰中心频率值，其中括号内的数值表示吸收强度。可以看出，通过 DFT 方法和 HF 方法在 0.3～4 THz 内都获得了 4 个分子内振动模式。其中，采用 HF 方法数值模拟获得的计算结果基本小于采用 DFT 方法模拟计算的结果。通过对实验测试和数值模拟计算结果进行匹配归属，发现采用 HF 方法模拟计算的结果可以更好地诠释实验测试获得的特征吸收峰。

实验测试	数 值 模 拟	
苯丙氨酸	HF	DFT
		0.65 (3.06)[①]
1.17	1.16 (3.78)[①]	
	1.77 (1.93)	1.81 (1.88)
1.93	1.93 (1.61)	1.87 (2.95)
2.16		
2.70	2.86 (1.81)	
		3.27 (1.35)
3.70		

表 3-5
实验测试和数值模拟获得的苯丙氨酸特征吸收峰（单位：THz）

① 括号里的数字表示红外强度（km/mol）。

由表 3-5 可知，实验测试获得的中心频率分别位于 1.17 THz、1.93 THz 和 2.70 THz 的 3 个特征吸收峰均包含有苯丙氨酸分子内振动模式的贡献，而实验测试获得的中心频率分别位于 2.16 THz 和 3.70 THz 的 2 个特征吸收峰可能主要来源于苯丙氨酸分子间振动模式的贡献。总体而言，苯丙氨酸在 0.3～4 THz 内的特征吸收峰既有来源于其分子间振动模式的贡献，也有来自其分子内振动模式的贡献。

图 3-10 是苯丙氨酸在太赫兹频段特征吸收谱的实验测试（THz-TDS）结果和单分子数值模拟（HF、B3LYP）计算结果。

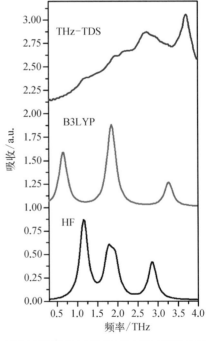

图 3-10
苯丙氨酸的实验测试（THz-TDS）和单分子数值模拟（HF、B3LYP）太赫兹特征吸收谱

3.6 酪氨酸分子结构及特性

酪氨酸(CAS编号：60‐18‐4)是李必奇1846年从酪蛋白中发现的,也称作2‐氨基‐3‐对羟苯基丙酸,是一种含有酚羟基的芳香族极性α‐氨基酸,分子式为 $C_9H_{11}NO_3$,常温下是一种白色结晶体或结晶粉末,熔点大于300℃,溶于水、乙醇、酸和碱,不溶于乙醚。

酪氨酸是人体的条件必需氨基酸和生酮生糖氨基酸,具有电离的芳香环侧链,呈嗜水性,酪氨酸在人体以及动物体内可由苯丙氨酸羟化而产生,所以当苯丙氨酸营养充足时,酪氨酸属于非必需(条件必需)氨基酸。酪氨酸亦是酪氨酸酶单酚酶功能的催化底物,是最终形成优黑素和褐黑素的主要原料,通常在美白化妆品研发中,可以通过人工合成与酪氨酸竞争的酪氨酸酶结构类似物以达到对人体表皮中黑色素的有效抑制,而白癜风患者可以通过摄入含有酪氨酸的食物以促进黑色素的形成,减轻白癜风症状。酪氨酸还可用于治疗脊髓灰质炎、结核性脑膜炎、甲状腺功能亢进等,并作为一种重要的生化试剂合成二碘酪氨酸、二溴酪氨酸及L‐多巴二碘酪氨酸等药物。此外,酪氨酸也可作为调制老年、儿童食品和植物叶面的营养剂等。

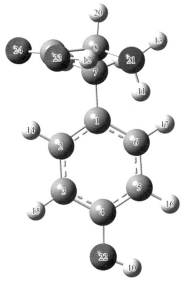

图3‐11
酪氨酸的分子
结构示意

图3‐11是酪氨酸的分子结构示意。从图中可以看出,与苯丙氨酸相比,酪氨酸分子结构多了一个羟基官能团。酪氨酸的晶胞结构属于正交晶系[31],空间群为 $P2_12_12_1$,每个晶胞包含4个酪氨酸分子,每个酪氨酸分子含有24个原子,其具体晶胞参数[31]如下：$a = 6.913$ Å, $b = 21.118$ Å, $c = 5.832$ Å, $\alpha = \beta = \gamma = 90°$, $Z = 4$,晶胞体积 $V = 851.41$ Å³。图3‐12是酪氨酸的晶胞结构。由X射线衍射数据可知,酪氨酸分子间存在8个氢键,其中6个N—H···O键,2个O—H···O键,可见其分子间相互作用很强。

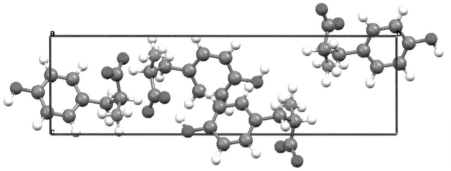

图 3 - 12
酪氨酸的晶胞
结构

3.7 酪氨酸的太赫兹波谱测试及理论计算分析

图 3 - 13 是酪氨酸在 0.5～4 THz 内的实验测试特征吸收谱。可以看出,酪
氨酸在 0.5～4 THz 内通过实验测试获得了中心频率分别位于 0.96 THz、
1.90 THz、2.06 THz、2.65 THz、2.82 THz、3.35 THz 和 3.52 THz 的 7 个特征吸
收峰。其中,中心频率分别位于 0.96 THz、1.90 THz 和 2.06 THz 的 3 个特征吸
收峰的吸收强度较小;而中心频率位于 2.82 THz 的特征吸收峰是邻近的中心频
率位于 2.65 THz 的强特征吸收峰的一个肩峰,通过减小样品的非均匀加宽或在

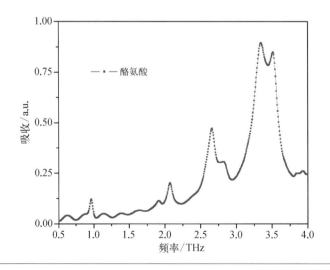

图 3 - 13
实验获得的酪
氨酸太赫兹特
征吸收谱

低温下测试样品应该可以观测到其独立的特征吸收峰;而中心频率分别位于
3.35 THz 和 3.52 THz 的 2 个特征吸收峰呈现了较强的吸收强度。由于测试样
品比较薄,因而在实验测试频段的低频处可以观测到太赫兹波谱振荡现象,但这
并不影响酪氨酸在太赫兹频段的特征吸收谱测量。

酪氨酸的单分子计算采用原子轨道线性组合方法,具体计算方法是 HF 和
基于 DFT 的 B3LYP,采用的基组为 $6-311+G(d, p)$。酪氨酸的晶体结构计算
采用平面波赝势理论的常规保守赝势,具体计算采用 Perdew - Burke -
Ernzerhof(PBE)方法[32],平面波截断能为 1 200 eV。

表 3-6 列举了 X 射线衍射(X - Ray Diffraction, XRD)实验测试[31]和采用
B3LYP、HF 以及 PBE 方法数值模拟计算获得的酪氨酸分子的键长和键角。其
中,B3LYP 方法和 HF 方法代表的是气态数值计算的结果,PBE 方法代表的是
固态数值计算的结果,统一采用 RMSD 方法判定这三种数值模拟计算方法计算
结果的差异,即 RMSD 计算值越小,则表明数值模拟结果越好。

表 3-6
XRD 实验测试
和数值模拟计
算的酪氨酸分
子的键长(单
位: Å)及键角
[单位: (°)]

键　长	XRD	B3LYP	HF	PBE
C_1—C_2	1.395	1.404	1.399	1.384
C_2—C_3	1.386	1.389	1.377	1.375
C_3—C_4	1.384	1.396	1.390	1.382
C_4—C_5	1.390	1.394	1.381	1.384
C_5—C_6	1.393	1.395	1.391	1.374
C_6—C_1	1.393	1.398	1.385	1.382
C_2—H_{14}	0.943	1.084	1.075	1.081
C_3—H_{15}	0.934	1.083	1.074	1.082
C_5—H_{16}	0.958	1.086	1.077	1.079
C_6—H_{17}	1.020	1.086	1.078	1.083
RMSD		0.079	0.074	0.078
键　角	XRD	B3LYP	HF	PBE
C_1—C_2—C_3	121.17	121.38	121.20	121.20
C_2—C_3—C_4	119.81	119.95	120.10	120.57
C_3—C_4—C_5	120.25	119.73	119.73	118.71

键　角	XRD	B3LYP	HF	PBE
C_4—C_5—O_6	119.36	119.70	119.58	120.14
C_5—O_6—C_1	121.22	121.53	121.65	121.69
O_6—C_1—C_2	118.16	117.70	117.73	117.67
C_3—C_4—O_1	117.57	117.43	117.46	122.50
C_4—O_1—H_1	112.71	109.89	111.33	112.67
	RMSD	1.04	0.58	1.88

　　由表 3-6 可知，采用 HF 泛函方法数值模拟计算酪氨酸分子的键长值取得了较好效果，其 RMSD 值为 0.074 Å，是三种数值模拟计算方法中偏差最小的；而基于 DFT 的 B3LYP 方法的数值模拟计算键长值均大于实验测试值，采用 HF 方法和 PBE 方法计算得到的酪氨酸分子的键长值有些大于实验测试值，有些小于实验测试值。进一步仔细分析可以发现，三种数值模拟方法计算的苯环的 C—C 键键长与实验测试值相差较小，其中采用 HF 泛函计算的 RMSD 值为 0.007 Å；而三种数值模拟方法计算的苯环的 C—H 键键长与实验测试值相差较大，其中 HF 泛函计算的 RMSD 值为 0.117 Å。

　　对于酪氨酸分子键角的数值模拟计算而言，采用 HF 方法也显示了较好的计算效果，其 RMSD 值为 0.58°，是三种数值模拟计算方法中偏差最小的，与基于 DFT 的 B3LYP 方法（RMSD 值为 1.04°）和 PBE 方法（RMSD 值为 1.88°）的计算结果相比显现出较大的优势。

　　酪氨酸分子有 24 个原子，对称性为 C_1，因而应该存在 66 个分子内振动模式（$3N-6$，$N=24$）。采用 B3LYP 方法和 HF 方法在 0.3～4 THz 频段内均获得 4 个振动模式，其中采用 B3LYP 方法计算获得了中心频率分别位于 1.18 THz、1.56 THz、2.28 THz 和 2.63 THz 的 4 个振动模式，而采用 HF 方法计算获得的 4 个振动模式的中心频率分别位于 1.51 THz、1.89 THz、2.48 THz 和 2.99 THz。实验测试与数值模拟计算获得的振动模式罗列在表 3-7 中，鉴于采用 HF 方法进行数值模拟计算取得了较好效果，因而这里的振动模式匹配分析主要以采用 HF 方法获得的模拟计算结果为主。具体而言，除了采用 HF 方法计算得到的中心频率位于 1.51 THz 的振动模式以外，中心频率分别位于 1.89 THz、2.48 THz 和 2.99 THz 的 3 个数值模拟计算模式分别对应 3 个实验测试获得的中心频率分别位于 1.90 THz、2.65 THz 和 2.82 THz 的特征吸收峰。

实验测试	数 值 模 拟	
酪氨酸	B3LYP	HF
0.96		
	1.18 (2.03)[①]	1.51 (7.56)[①]
	1.56 (0.11)	
1.90		1.89 (0.28)
2.06	2.28 (5.68)	
2.65	2.63 (0.82)	2.48 (22.39)
2.82		2.99 (2.17)
3.35		
3.52		

① 括号里的数字表示红外强度（km/mol）。

由表 3-7 可知，采用 HF 方法计算得到的酪氨酸振动模式强度均大于采用基于 DFT 方法的 B3LYP 泛函得到的计算结果。这主要是因为利用 HF 方法进行能量计算时仅考虑了泡利原理涉及的自旋相同电子间的相关作用，从而造成其数值模拟计算获得的分子体系的能量大于 DFT 方法的计算结果。

图 3-14 是酪氨酸在太赫兹频段的实验测试（THz-TDS）与气态数值模拟计算（HF、DFT）获得的特征吸收谱。可以看出，虽然酪氨酸的单分子数值模拟计算也获得了 4 个振动模式，但是并不能完全解释实验测试获得的所有特征吸收峰。

酪氨酸晶胞含有 4 个酪氨酸分子，其空间群为 $P2_12_12_1$，对称性为 D_2。由于每个酪氨酸分子含有 24 个原子，则酪氨酸晶胞共包含 264 个分子内振动模式（每个酪氨酸分子含有 66 个分子内振动模式）和 21 个分子间振动模式（$5a+5b+5c+6d$），但由于酪氨酸晶胞对称性为 D_2，而对称性为 d 的振动模式并不显示红外活性，所以酪氨酸晶胞实际只有 15 个显示红外活性的分子间振动模式。

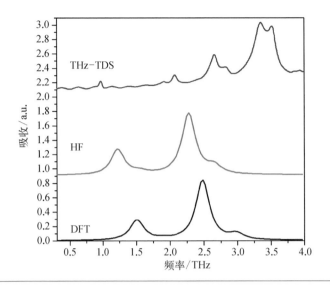

图 3 - 14
实验测试(THz-TDS)与气态数值模拟计算(HF、DFT)获得的酪氨酸太赫兹特征吸收谱

图 3 - 15 是酪氨酸在太赫兹频段实验测试与基于固态理论计算获得的特征吸收谱。理论计算采用基于固态理论的 PBE 方法,吸收谱图展宽采用半高全宽(FWHM)为 5 cm^{-1} 的洛伦兹函数。由图 3 - 15 可见,基于 THz - TDS 技术实验测试的结果与基于 PBE 固态理论数值模拟计算的结果匹配效果很好。

图 3 - 16 是利用 THz - TDS 技术获得的 L-丙氨酸、苯丙氨酸和酪氨酸在 0.3~4 THz 内的实验吸收谱。由图 3 - 16 可见,这 3 种氨基酸在太赫兹频

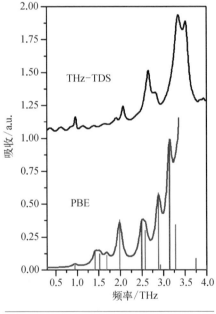

图 3 - 15
实验测试(THz-TDS)与基于固态理论的 PBE 方法模拟获得的酪氨酸太赫兹特征吸收谱

段展现了不同的特征吸收峰。其中,L-丙氨酸展现了 4 个明显的特征吸收峰,中心频率分别位于 2.20 THz、2.53 THz、3.11 THz 和 3.33 THz;苯丙氨酸展现了 5 个明显的特征吸收峰,中心频率分别位于 1.17 THz、1.93 THz、2.16 THz、2.70 THz 和 3.70 THz;酪氨酸展现了中心频率分别位于 0.96 THz、1.90 THz、

2.06 THz、2.65 THz、2.82 THz、3.35 THz 和 3.52 THz 的 7 个特征吸收峰。由这
3 种氨基酸的太赫兹频段特征吸收谱图可见,随着氨基酸分子结构复杂程度的
逐渐加深,其分子间的相互作用逐渐加强,所以它们在太赫兹频段的特征吸收峰
也依次变得更加复杂多样。

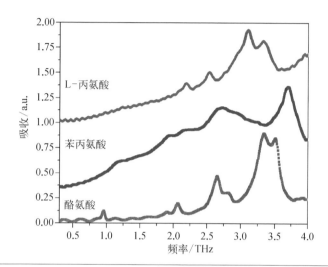

图 3 - 16
L - 丙氨酸、苯
丙氨酸和酪氨
酸的太赫兹特
征吸收谱

参考文献

[1]　王镜岩,朱圣庚,徐长法.生物化学[M].第 3 版.北京:高等教育出版社,2007.

[2]　华东理工大学有机化学教研组.有机化学[M].第 2 版.北京:高等教育出版
社,2013.

[3]　邵颖.食品生物化学[M].北京:中国轻工业出版社,2015.

[4]　Pawlukojć A, Leciejewicz J, Tomkinson J, et al. Neutron scattering, infra red,
Raman spectroscopy and ab initio study of L-threonine[J]. Spectrochimica Acta Part
A, 2001, 57(12): 2513 - 2523.

[5]　Taday P F, Bradley I V, Arnone D D. Terahertz pulse spectroscopy of biological
materials: L-glutamic acid[J]. Journal of Biological Physics, 2003, 29(2 - 3):
109 - 115.

[6]　Taulbee A R, Heuser J A, Spendel W U, et al. Qualitative analysis of collective
mode frequency shifts in L-alanine using terahertz spectroscopy[J]. Analytical
Chemistry, 2009, 81(7): 2664 - 2667.

［7］ Ueno Y, Rungsawang R, Tomita I, et al. Quantitative measurements of amino acids by terahertz time-domain transmission spectroscopy［J］. Analytical Chemistry, 2006, 78(15): 5424 - 5428.

［8］ Amalanathan M, Joe I H, Rastogi V K. Molecular structure, vibrational spectra and nonlinear optical properties of L-valine hydrobromide: DFT study［J］. Journal of Molecular Structure, 2011, 985(1): 48 - 56.

［9］ Sakamoto T, Tanabe T, Sasaki T, et al. Chiral analysis of re-crystallized mixtures of D-, L-amino acid using terahertz spectroscopy［J］. Malaysian Journal of Chemistry, 2009, 11: 88 - 93.

［10］ Miyamaru F, Yamaguchi M, Tani M, et al. THz-time-domain spectroscopy of amino acids in solid phase［J］. OSA Publishing, 2003: CMG3.

［11］ Shi Y L, Wang L. Collective vibrational spectra of α- and γ-glycine studied by terahertz and Raman spectroscopy［J］. Journal of Physics D, 2005, 38 (19): 3741 - 3745.

［12］ Yamaguchi M, Miyamaru F, Yamamoto K, et al. Terahertz absorption spectra of L-, D-, and DL-alanine and their application to determination of enantiometric composition［J］. Applied Physics Letters, 2005, 86(5): 053903.

［13］ Korter T M, Balu R, Campbell M B, et al. Terahertz spectroscopy of solid serine and cysteine［J］. Chemical Physics Letters, 2006, 418(1 - 3): 65 - 70.

［14］ Ueno Y, Ajito K. Analytical terahertz spectroscopy［J］. Analytical Sciences, 2008, 24(2): 185 - 192.

［15］ Lehmann M S, Koetzle T F, Hamilton W C. Precision neutron diffraction structure determination of protein and nucleic acid components. I. The crystal and molecular structure of the amino acid L-alanine［J］. Journal of the American Chemical Society, 1972, 94(8): 2657 - 2660.

［16］ Lu Z G, Campbell P, Zhang X C. Free-space electro-optic sampling with a high-repetition-rate regenerative amplified laser［J］. Applied Physics Letters, 1997, 71(5): 593 - 595.

［17］ Fan W H, Burnett A, Upadhya P C, et al. Far-infrared spectroscopic characterization of explosives for security applications using broadband terahertz time-domain spectroscopy［J］. Applied Spectroscopy, 2007, 61(6): 638 - 643.

［18］ Roothan C C J. New developments in molecular orbital theory［J］. Reviews of Modern Physics, 1951, 23(2): 69 - 89.

［19］ Perdew J P, Chevary J A, Vosko S H, et al. Atoms, molecules, solids, and surfaces: applications of the generalized gradient approximation for exchange and correlation［J］. Physical Review B, 1992, 46(11): 6671 - 6687.

［20］ Bandekar J, Genzel L, Kremer F, et al. The temperature-dependence of the far-infrared spectra of L-alanine［J］. Spectrochimica Acta Part A, 1983, 39 (4): 357 - 366.

［21］ Tulip P R, Clark S J. Dielectric and vibrational properties of amino acids［J］. The

Journal of Chemical Physics，2004，121(11)：5201 - 5210.

[22] Chowdhry B Z，Dines T J，Jabeen S，et al. Vibrational spectra of α-Amino acids in the zwitterionic state in aqueous solution and the solid state：DFT calculations and the influence of hydrogen bonding[J]. The Journal of Physical Chemistry A，2008，112(41)：10333 - 10347.

[23] Micu A M，Durand D，Quilichini M，et al. Collective vibrations in crystalline L-alanine[J]. The Journal of Physical Chemistry，1995，99(15)：5645 - 5657.

[24] Bazterra V E，Ferraro M B，Facelli J C. Modified genetic algorithm to model crystal structures：III. Determination of crystal structures allowing simultaneous molecular geometry relaxation [J]. International Journal of Quantum Chemistry，2004，96(4)：312 - 320.

[25] Hakey P M，Allis D G，Hudson M R，et al. Investigation of (1R，2S)-(-)-ephedrine by cryogenic terahertz spectroscopy and solid-state density functional theory[J]. ChemPhysChem，2009，10(14)：2434 - 2444.

[26] King M D，Buchanan W D，Korter T M. Understanding the terahertz spectra of crystalline pharmaceuticals：terahertz spectroscopy and solid-state density functional theory study of (S)-(+)-ibuprofen and (RS)-ibuprofen[J]. Journal of Pharmaceutical Sciences，2011，100(3)：1116 - 1129.

[27] Motley T L，Allis D G，Korter T M. Investigation of crystalline 2-pyridone using terahertz spectroscopy and solid-state density functional theory [J]. Chemical Physics Letters，2009，478(4 - 6)：166 - 171.

[28] Allis D G，Prokhorova D A，Korter T M. Solid-state modeling of the terahertz spectrum of the high explosive HMX[J]. The Journal of Physical Chemistry A，2006，110(5)：1951 - 1959.

[29] 李良铸,李明晔.现代生化药物生产关键技术[M].北京：化学工业出版社,2006.

[30] 李元波,郑盈盈,王卫宁.苯丙氨酸的太赫兹光谱测试与理论研究[J].首都师范大学学报(自然科学版),2007,28(3)：39 - 43.

[31] Frey M N，Koetzle T F，Lehmann M S，et al. Precision neutron diffraction structure determination of protein and nucleic acid components. X. A comparison between the crystal and molecular structures of L-tyrosine and L-tyrosine hydrochloride[J]. The Journal of Chemical Physics，1973，58(6)：2547 - 2556.

[32] Perdew J P，Burke K，Ernzerhof M. Generalized gradient approximation made simple[J]. Physical Review Letters，1996，77(18)：3865 - 3868.

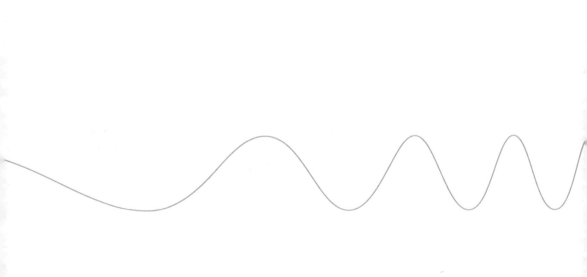

胞嘧啶和胸腺嘧啶
太赫兹波谱分析

4.1 DNA 概述

脱氧核糖核酸(Deoxyribonucleic Acid，DNA)，又称去氧核糖核苷酸，由碳(C)、氢(H)、氧(O)、氮(N)、磷(P)五种元素组成。DNA 是一种细长的双链螺旋结构高分子化合物，由四种脱氧核苷酸构成，即腺嘌呤脱氧核苷酸(dAMP 脱氧腺苷)、胸腺嘧啶脱氧核苷酸(dTMP 脱氧胸苷)、胞嘧啶脱氧核苷酸(dCMP 脱氧胞苷)、鸟嘌呤脱氧核苷酸(dGMP 脱氧鸟苷)。脱氧核苷酸由脱氧核糖、磷酸和含氮碱基组成，其中脱氧核糖(五碳糖)与磷酸分子通过酯键相连，组成 DNA 双螺旋分子结构的长链骨架，排列在外侧，而腺嘌呤(A)、鸟嘌呤(G)、胞嘧啶(C)和胸腺嘧啶(T)四种碱基排列在内侧。在 DNA 的双螺旋分子结构中，每一个螺旋单位包含十对碱基，长度为 3.4 nm，螺旋直径为 2 nm，这些碱基沿着 DNA 长链排列而形成的序列可组成千变万化的遗传密码，指导蛋白质的合成。

DNA 是脱氧核糖核酸染色体的主要成分，也是主要遗传物质，可引导生物发育与生命机能运作。由于在生物体繁殖过程中，父代会把自身 DNA 的一部分复制传递到子代中，从而完成性状的传播，因而 DNA 也被称为"遗传微粒"。DNA 分子的主要功能包括：① 贮存决定物种性状的几乎所有蛋白质和核糖核酸(Ribonucleic Acid，RNA)分子的全部遗传信息；② 编码和设计生物有机体在一定的时空中有序地转录基因和表达蛋白完成定向发育的所有程序；③ 初步确定生物独有的性状和个性以及和环境相互作用时所有的应激反应。

DNA 分子的主要特性有以下三点。

(1) 稳定性　DNA 分子的双螺旋结构是相对稳定的，因为在 DNA 分子双(链)螺旋结构的内侧，通过氢键形成的碱基对使两条脱氧核苷酸长链稳固地并联起来，而且碱基对之间纵向的相互作用力也进一步加固了 DNA 分子结构的稳定性。各碱基对之间的这种纵向的相互作用力被称为碱基堆积力，是由芳香族碱基 π 电子间的相互作用引起的，被认为是稳定 DNA 分子结构的最重要因素。此外，DNA 分子双(链)螺旋结构外侧负电荷的磷酸基团与带正电荷的阳离子形成离子键,可以减少双链间的静电斥力,对 DNA 分子的双(链)螺旋结构也有一定的稳定作用。

(2) 多样性 由于 DNA 分子碱基对数量的不同,造成碱基对的排列顺序千变万化,构成了 DNA 分子的多样性。

(3) 特异性 不同 DNA 分子包含的碱基对排列顺序存在差异,每一个 DNA 分子的碱基对都有其特定的排列顺序,包含着特定的遗传信息,从而使 DNA 分子具有特异性。

4.2 胞嘧啶和胸腺嘧啶

构成 DNA 的碱基包括胞嘧啶、胸腺嘧啶、鸟嘌呤和腺嘌呤。在 DNA 分子的双螺旋长链结构中,两条长链内侧的碱基通过氢键一一配对,由于氢键的饱和性和方向性[1]使得双螺旋长链结构中的碱基配对具有专一性:一条链上的胞嘧啶与另一条链上的鸟嘌呤配对,分子间形成三个氢键;一条链上的腺嘌呤与另一条链上的胸腺嘧啶配对,分子间形成两个氢键。这种碱基互补配对形成的氢键是 DNA 双(链)螺旋结构的重要作用力之一,因而碱基对 DNA 结构的稳定性及其遗传特性具有非常重要的作用。

胞嘧啶是构成遗传物质 DNA 的碱基分子之一,化学名称为 4 -氨基- 2 -羰基嘧啶,白色或类白色结晶性粉末,分子式为 $C_4H_5N_3O$,分子结构示意如图 4 - 1(a) 所示。胞嘧啶可由二巯基脲嘧啶、浓氨水和氯乙酸为原料合成制得,是精细化

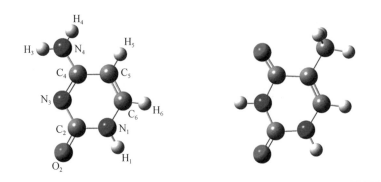

图 4 - 1
胞嘧啶(左)和
胸腺嘧啶(右)
的分子结构示意

工、农药和医药的重要中间体,特别是在医药领域,主要用于合成抗艾滋病药物和抗乙肝药物拉米夫定,抗癌药物吉西他滨、依诺他宾及 5-氟胞嘧啶等,应用非常广泛。

胸腺嘧啶也是构成遗传物质 DNA 的碱基分子之一,化学名称为 2,4-二羟基(酮基)-5-甲基嘧啶,白色结晶粉末,分子式为 $C_5H_6N_2O_2$,分子结构示意如图 4-1(b)所示。胸腺嘧啶是遗传物质的重要组成部分,是从胸腺中分离得到的一种嘧啶碱,是合成抗艾滋病药物齐多夫定(Azidothymidine,AZT)、二氯二苯三氯乙烷(Dichloro Diphenyl Tricgloroethane,DDT)及相关药物的关键中间体,也是合成抗肿瘤和抗病毒药物 β-胸苷的起始原料。值得注意的是,紫外线照射可使 DNA 分子中同一条长链两相邻的胸腺嘧啶碱基之间形成二聚体,从而影响 DNA 的双(链)螺旋结构,使其复制和转录功能受到阻碍。

近年来,太赫兹波时域光谱(THz-TDS)已经广泛应用于化学检测、物质鉴别、生物医学、反恐缉毒等领域,展示出重大的科学价值和诱人的应用前景[2,3]。作为一种崭新的相干测量光谱技术,THz-TDS 不仅可以促使人们在分子水平上了解物质结构及其特性,而且太赫兹光子具有能量低的特点(频率为 1 THz 的光子能量仅为 4.14 meV),不会对生物分子造成电离破坏,因此太赫兹光谱技术迅速成为一种可应用于生物分子检测与研究的新型光谱技术。利用太赫兹波谱技术实验测试胞嘧啶和胸腺嘧啶的太赫兹频段特征吸收谱,并结合密度泛函方法进行分子结构优化和晶格动力学计算,对于揭示胞嘧啶和胸腺嘧啶等生物分子在太赫兹频段特征光谱的形成机制、获得这些生物分子结构与其功能的关系等具有重要的学术价值及实际意义。

4.3 胞嘧啶和胸腺嘧啶晶胞结构与理论模拟计算方法

胞嘧啶分子晶体属于正交晶系,$P2_12_12_1$ 空间群,$a=13.044$ Å,$b=9.496$ Å,$c=3.814$ Å,$\alpha=\beta=\gamma=90°$,$Z=4$,其晶胞结构如图 4-2(a)所示[4],虚线表示胞嘧啶晶体中的氢键连接。可以看出,胞嘧啶分子间形成了丰富的 N—H⋯N 及 N—H⋯O 氢键。研究表明[5],大多数 C—H⋯O 作用的氢键键能只有 1~

2 kal/mol,而通常 O—H···O、N—H···O、N—H···N 和 O—H···N 氢键的键能可达到 4~6 kal/mol[6,7],因此胞嘧啶分子间的氢键作用要强于苯甲酸分子间 C—H···O 的氢键作用。

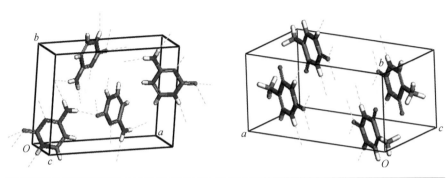

图 4 - 2
胞嘧啶(左)和胸腺嘧啶(右)的晶胞结构

　　胸腺嘧啶分子晶体属于单斜晶系,其晶胞结构如图 4 - 2(b)所示[8],虚线代表胸腺嘧啶晶体中的氢键。可以看出,胸腺嘧啶分子在相互平行的平面内逐层堆积形成晶体结构,在同一平面内,一个胸腺嘧啶分子和相邻的两个分子间形成两组 C=O···H—N 氢键[8]。Fischer 等[9]通过密度泛函理论(DFT)对胸腺嘧啶的四聚体单元进行计算,获得的 4 个低频红外活性振动模式均来源于这两组氢键面内振动和面外振动的分子间运动,而且胸腺嘧啶分子间形成的氢键和观测到的振动特性有关。Jepsen 等[10]曾通过固体密度泛函理论精确预测了胸腺嘧啶分子晶体的太赫兹频段振动模式。然而,对于胞嘧啶分子在太赫兹频段特征吸收光谱的辨识,以及胞嘧啶分子在太赫兹频段特征吸收峰的来源,仍缺乏系统的理论研究与解释。

　　为此,使用 B3LYP 杂化泛函及 6 - 311G 基组,采用 DFT 方法对单个胞嘧啶分子的几何构型进行了优化与频率计算。固态晶体采用赝势平面波密度泛函方法[11]进行结构优化和红外振动模式分析,使用广义梯度近似 GGA、PBE 交换相关泛函及模守恒赝势描述电子-离子相互作用。以 X 射线衍射室温测量的晶体结构[12]参数作为初始结构参数进行数值模拟计算,对展开价电子的平面波基组,设置截断能 1 200 eV,使用 Γ 点计算振动频率,在每一步分子结构优化和晶格振动的计算中,电子能量的收敛值设置为 10^{-13} eV/atom。

一般将晶格倒空间对称性最高点取为 Γ 点。按照晶格动力学理论,Γ 点对应频率的平方可以近似看成 Hessian 矩阵的本征值。Hessian 矩阵的本征值为正,说明这个结构处于极小值点,因而一般认为 Γ 点对应的结构最稳定,对应的频率均为正,而其他点对应的频率可能出现虚频。

4.4 实验测试系统与样品制备

实验测试的 THz-TDS 系统原理结构如图 4-3 所示。THz-TDS 系统采用 FemtoLaser Scientific 型钛宝石飞秒激光振荡器(奥地利 Femtolasers 公司)产生超短激光脉冲(脉宽为 15 fs,重复频率为 76 MHz);利用光学分束片将飞秒激光脉冲分为两束,其中 96% 功率作为激发光,激发光电导天线产生超短太赫兹脉冲[13];光电导天线由低温砷化镓(LT-GaAs)基底上附着偶极天线结构制成,在两电极之间施加一定偏压,利用偏压电场驱动超短激光脉冲激发的光生自由载流子发射太赫兹脉冲;其余 4% 功率作为探测光,最终与超短太赫兹脉冲在太赫兹波探测元件汇合。两对镀金离轴抛物面反射镜(反射率接近 99%)用来收集和汇聚太赫兹信号;采用自由空间电光采样[14](Free-Space Electro-Optic Sampling, FSEOS)技术进行太赫兹波探测;时间延迟装置通过连续改变探测光与激发光之间的相对时间延迟,实现探测光在不同时刻对整个太赫兹脉冲波形的串行顺序采样扫描;同时使用锁相放大器(Lock-in Amplifier, LIA)采集探测装置获得的相关数据,即可利用等效采样原理获得太赫兹脉冲电场强度的时间波形,经过快速傅里叶变换即可获得相应的频域谱。为了减小空气中的水蒸气

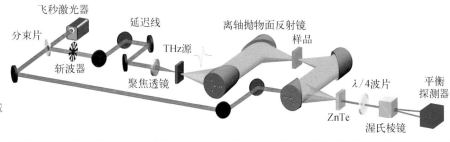

图 4-3
太赫兹波时域光谱实验系统

对太赫兹信号的吸收及对测试结果的影响,THz-TDS 系统放置于充满干燥空气的密闭腔中,系统的频谱分辨率为 15 GHz(0.5 cm^{-1})。所有的实验光谱均在室温(Room Temperature,RT)下测量。

对于被测试的固体材料(纯度≥99.0%),首先制备纯的压制样品片。当样品分子吸收较强时,按照一定的质量比例(根据样品分子吸收的强弱确定)掺杂高密度聚乙烯(HDPE)或聚四氟乙烯(PTFE)粉末进行稀释,充分混合均匀后压片。对于颗粒较大的化学试剂,需用玛瑙研钵进行研磨获得精细的样品粉末后,再进行样品压制以减少样品颗粒对太赫兹波的散射效应。所有固体样品测试片均使用红外粉末压片机(YP-8T,天津市金孚伦科技有限公司)压制。样品厚度控制在 1~3 mm,可以有效削弱或消除太赫兹光谱的低频振荡。

4.5 胞嘧啶和胸腺嘧啶的太赫兹波谱

4.5.1 胞嘧啶与胸腺嘧啶太赫兹特征吸收谱对比

图 4-4 是胞嘧啶和胸腺嘧啶分子在 0.1~3.5 THz 的特征吸收谱。胞嘧啶和胸腺嘧啶分子在 0.1~3.5 THz 内均表现出明显的吸收特性,其中胞嘧啶分子特征吸收峰的中心频率分别位于 1.55 THz、2.53 THz、2.72 THz 和 3.25 THz。由于被测试样品比较薄,因而在测试结果的低频端亦可同时观测到波谱振荡现

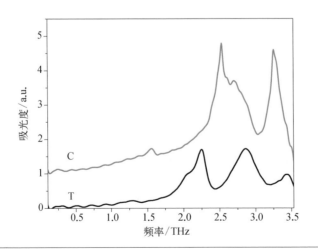

图 4-4
胞嘧啶(C)和胸腺嘧啶(T)的太赫兹吸收谱

象,但这并不影响对样品分子的特征吸收特性测量。

表4-1总结对比了实验测试结果与以往的相关文献报道[11-13]。可以看出,实验测试的胞嘧啶和胸腺嘧啶的太赫兹频段特征吸收谱数据与以前文献报道的数据非常吻合,但胞嘧啶位于2.53 THz的特征吸收峰属于首次发现。

表4-1
胞嘧啶和胸腺嘧啶的室温太赫兹吸收峰(单位: THz)

实验值	胞 嘧 啶			实验值	胸 腺 嘧 啶		
	FTIR[11]	TDS[12]	TDS[13]		FTIR[11]	TDS[12]	TDS[13]
1.55	1.58	1.6	1.60	1.30	1.28		1.36
2.53				2.25	2.28	2.5	2.29
2.72	2.82	2.7	2.85	2.86	2.81	2.9	3.0
3.25	3.43	3.3	3.39		2.88		
				3.43	3.75		

由于传统的傅里叶红外光谱(Fourier Transform Infrared Spectroscopy, FTIR)的频谱分辨率(约为 2 cm^{-1})相对 THz-TDS(实验测试 THz-TDS 系统的频谱分辨率为 0.5 cm^{-1})较低,加之胞嘧啶在太赫兹频段吸收非常强,因此以前的研究工作只观测到一个中心频率位于 2.7 THz 的较宽的吸收包络,其他的特征吸收信息均被淹没了。考虑到实验测试获得的中心频率分别位于 2.53 THz 和 2.72 THz 的特征吸收峰非常接近,因此如果测量系统的频谱分辨率不够高或者样品的胞嘧啶含量较大时,往往难以有效分辨这两个特征吸收峰,这可能是以前研究工作没有发现中心频率位于 2.53 THz 的特征吸收峰的主要原因。

4.5.2 胞嘧啶振动模式计算与太赫兹特征吸收谱

表4-2是单个胞嘧啶分子优化后的结构参数,并与实验观测结构[4]进行了对比,原子编号参见图4-1。

胞嘧啶分子在低频光谱范围(<200 cm^{-1})内只有一个内部振动模式,如图4-5所示("+"表示原子的运动方向垂直于纸面向里,"−"表示原子的运动方向垂直于纸面向外),即中心频率位于151.98 cm^{-1}(4.6 THz)处的扭曲振动

表 4-2
胞嘧啶分子结
构参数

键长/Å					
	实验值	计算值		实验值	计算值
N_1—C_2	1.381	1.432	C_4—N_4	1.342	1.361
C_2—N_3	1.364	1.381	N_1—H_1	0.98	1.01
N_3—C_4	1.336	1.333	N_4—H_3	0.89	1.01
C_4—C_5	1.410	1.442	N_4—H_4	0.86	1.0
C_5—C_6	1.340	1.360	C_5—H_5	0.99	1.08
C_6—N_1	1.353	1.365	C_6—H_6	1.01	1.08
C_2—O_2	1.241	1.243			

键角/(°)					
	实验值	计算值		实验值	计算值
C_2—N_1—C_6	121.9	123.2		117	115
N_3—C_2—N_1	118.2	115.9		120	122
C_2—N_3—C_4	119.4	120.8	C_4—N_4—H_3	120	118
N_3—C_4—C_5	122.7	123.2	C_4—N_4—H_4	117	123
C_4—C_5—C_6	117.0	116.7	H_3—N_4—H_4	123	120
C_5—C_6—N_1	120.8	120.1	C_4—C_5—H_5	121	122
N_1—C_2—O_2	119.5	118.5	C_6—C_5—H_5	122	121
N_3—C_2—O_2	122.2	125.6	C_2—N_1—H_1	124	123
N_3—C_4—N_4	117.1	116.8	C_6—N_1—H_1	115	117
C_5—C_4—N_4	120.2	119.9			

（嘧啶环变形）。因此可以预测，胞嘧啶固态晶体在 4 THz 以下无分子内振动模式。而将气态的胞嘧啶分子堆积在晶体中，其内部振动模式由于受到晶体堆积力和分子间作用力的影响，往往向更高频率（＞4.6 THz）移动。

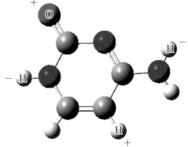

图 4-5
胞嘧啶分子内
部振动模式

在低频光谱范围（＜200 cm^{-1}）内，胞嘧啶晶体计算提供了 8 个红外活性振动模式。为了增加模拟数据的直观性，采用将理论预测值以竖线加上经验的洛伦兹(Lorentz)线型(半高宽为 5.0 cm^{-1})的形式进行表示,并与实验光谱进行对比,如图 4-6 所示。

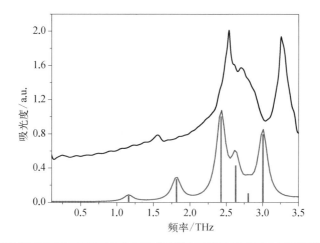

图 4-6
胞嘧啶的太赫兹吸收实验谱(上)与理论模拟光谱(下)比较

为了方便起见,对图 4-6 的数值计算模拟光谱进行了归一化处理,数值计算获得的中心频率分别位于 44.32 cm^{-1} 和 87.89 cm^{-1} 处的振动模式由于强度很小(分别只有 0.09 km/mol 和 0.31 km/mol),经归一化处理后其强度值均为 0,因此图 4-6 只显示了 6 个显著的振动模式。可以看出,在实验测量的频谱范围内,数值模拟光谱和实验测试光谱符合得很好,尤其是实验测量获得的中心频率分别位于 2.53 THz 和 2.72 THz 的两个特征吸收峰被准确无误地模拟重现。对比实验光谱,数值计算模拟获得的中心频率位于 2.80 THz 的较弱振动模式被分配给中心频率位于 2.63 THz 的吸收包络。不过,实验上并未观测到理论预测的 1.15 THz 的振动吸收峰。

表 4-3 总结了胞嘧啶的理论振动模式及其对应的实验吸收峰,并确定了所有的振动模式。可以看出,胞嘧啶分子在 3.5 THz 以下的吸收特性都来源于平动(Translation)和转动(Rotation)运动。通常,分子晶体的振动模式分为外振动(主要是分子间振动)和内振动(主要是分子内振动)。外振动谱线反映了晶体结构及其对称性,又分为集团质心间的平移振动、分子或离子集团的转动运动。平移振动也称为平动,在这种集体振动中,分子的质心间发生平移运动,所有原子间并没有发生相对运动;转动运动是指全部分子保持质心位置不变,绕着某个轴

同步转动。内振动就是分子变形振动,外振动的频率通常低于内振动的频率。胞嘧啶分子晶体理论预测的所有模式都是外振动模式,分子的平动和转动运动属于集体振动的声子模式,这和单体密度泛函理论的预测结果一致。胞嘧啶固体在4 THz以下的吸收峰来源于分子集团的整体振动,而内振动产生的吸收特性在更高频率范围。另一方面,将生物分子近距离地堆积在晶体中,它们之间会产生相互作用,通常会产生氢键。氢键要弱于共价键和离子键,且涉及的运动质量非常巨大,因此由氢键支配的振动模式的共振频率低于典型的分子内共振频率,落在了更低的频率范围内。

理　　论		实　　验
振 动 模 式	模 式 描 述	吸 收 峰
1.15(0.07①)	平动(沿 c 轴)	
1.81(0.27)	转动(沿 a 轴)	1.55(0.29②)
2.42(1.0)	转动(沿 b 轴)	2.53(1.51)
2.63(0.43)	转动(沿 a 轴)	2.72(1.06)
2.80(0.11)	平动(沿 b 轴)	
3.0(0.79)	转动(沿 a 轴)	3.25(1.43)

表4-3 胞嘧啶理论计算振动模式与实验测试吸收峰(单位: THz)

① 归一化振动强度;② 相对吸收强度。

参考文献

[1]　王庆文,杨玉桓,高鸿宾.有机化学中的氢键问题[M].天津:天津大学出版社,1993.

[2]　Zheng Z P, Fan W H, Yan H. Terahertz absorption spectra of benzene‐1, 2‐diol, benzene‐1, 3‐diol and benzene‐1, 4‐diol[J]. Chemical Physics Letters, 2012, 525‐526: 140‐143.

[3]　Yan H, Fan W H, Zheng Z P. Investigation on terahertz vibrational modes of crystalline benzoic acid[J]. Optics Communications, 2012, 285(6): 1593‐1598.

[4]　McClure R J, Craven B M. New investigations of cytosine and its monohydrate[J]. Acta Crystallographica Section B, 1973, 29(6): 1234‐1238.

[5]　Arbely E, Arkin I T. Experimental measurement of the strength of a Cα‐H···O bond in a lipid bilayer[J]. Journal of the American Chemical Society, 2004,

126(17)：5362 - 5363.

[6] Jeffrey G A. An introduction to hydrogen bonding[M]. Oxford：Oxford University Press，1997.

[7] Asensio A，Kobko N，Dannenberg J J. Cooperative hydrogen-bonding in adenine-thymine and guanine-cytosine base pairs：density functional theory and Møller-Plesset molecular orbital study[J]. The Journal of Physical Chemistry A，2003，107(33)：6441 - 6443.

[8] Ozeki K，Sakabe N，Tanaka J. The crystal structure of thymine[J]. Acta Crystallographica Section B，1969，25(6)：1038 - 1045.

[9] Fischer B M，Walther M，Jepsen P U. Far-infrared vibrational modes of DNA components studied by terahertz time-domain spectroscopy[J]. Physics in Medicine and Biology，2002，47(21)：3807 - 3814.

[10] Jepsen P U，Clark S J. Precise ab-initio prediction of terahertz vibrational modes in crystalline systems[J]. Chemical Physics Letters，2007，442(4 - 6)：275 - 280.

[11] Clark S J，Segall M D，Pickard C J，et al. First principles methods using CASTEP [J]. Zeitschrift für Kristallographie，2005，220(5 - 6)：567 - 570.

[12] Barker D L，Marsh R E. The crystal structure of cytosine [J]. Acta Crystallographica，1964，17(12)：1581 - 1587.

[13] Xue B，Fan W H，Yang J，et al. Characteristic research of photoconductive antenna for broadband THz generation[J]. Proceedings of SPIE - The International Society for Optical Engineering，2009，7385：73851U.

[14] Wu Q，Zhang X C. Free-space electro-optic sampling of terahertz beams[J]. Applied Physics Letters，1995，67(24)：3523 - 3525.

5

固相果糖和葡萄糖的
太赫兹波谱研究

5.1 糖类概述

糖是一种重要的生物分子,是人体必需的一种营养素,它供给人体能量,并且是物质代谢的碳骨架。日常食用的蔗糖、粮食中的淀粉、植物体中的纤维素、人体血液中的葡萄糖等均属糖类。此外,糖能够实现细胞间识别和生物分子间的识别。总之,人类生活离不开糖,它不但能够提供能量,而且可以构成组织和保护肝脏,并且是脑神经系统热能的唯一供给者。

生活中的糖类主要分为单糖和双糖。单糖指葡萄糖和果糖等,分子式为 $C_6H_{12}O_6$,人体可直接吸收并转化为能量;双糖,有白糖和红糖等,一般有 12 个碳原子,它不能被人体直接吸收,必须先转化为单糖才能被吸收。糖一般由碳、氢与氧三种元素组成,含有羟基醛或羟基酮,分子间以众多 O—H…O 氢键连接。糖类的组成和分子结构使得它具有很多同分异构体,例如官能团异构、光学异构和构象异构等。因此,研究糖类的太赫兹频段特征吸收谱不仅有助于研究糖类在动植物和微生物体内的作用及功能,而且通过研究糖类分子间的氢键对太赫兹频段特征吸收谱的影响,更有助于在实际生活中辨别含有相同元素的糖类,促进对糖类工业生产的有效监控。

5.2 糖类的太赫兹波谱研究现状及意义

近年来,很多文章是针对糖类的太赫兹频段特征吸收谱进行的研究,例如蔗糖和葡萄糖[1]、葡萄糖和果糖[2]、D-葡萄糖和 L-葡萄糖[3]、一水葡萄糖[4]等。其中,Walther[2]等对比了葡萄糖在多晶态和无定形态下太赫兹频段特征吸收谱的异同,发现其特征吸收峰的主要来源是分子间相互作用;通过对蔗糖在 $0.5\sim$ 2.5 THz 的前两个特征吸收峰进行不同温度(10~300 K)研究,发现范德瓦尔斯力和氢键在不同温度下的主导地位决定了蔗糖吸收频谱的蓝移和红移。Upadhya[5]等利用 THz-TDS 研究了固相葡萄糖的太赫兹特征吸收谱,发现葡萄糖的特征吸收峰主要来源于分子间振动模式。Liu[6]等利用葡萄糖和一水葡萄糖的太赫兹频段特征吸收峰不仅实现了有效辨别,而且详细研究了一水葡萄糖加温后的脱水过程。Jepsen[1]等研究了低温蔗糖的太赫兹频段特征吸收谱,并运用密度泛函赝波理论(DFPT)进行了数值模拟,结果表明,蔗糖的太赫兹频段特征吸收峰是其分子内与分子间振动模式的结合,其中分子内振动模式的贡献约为20%。此外,杨丽敏等[7]利用 THz - TDS 对几种糖类衍生物进行了辨别。

5.3　葡萄糖、果糖和一水葡萄糖及其晶体结构

葡萄糖又称为玉米葡糖、玉蜀黍糖,是自然界分布最广且最为重要的一种单糖,它是一种多羟基醛。纯净的葡萄糖为无色晶体,有甜味,易溶于水,微溶于乙醇。从分子结构看,葡萄糖含有五个羟基和一个醛基,具有多元醇和醛的性质。在应用上,葡萄糖对生物体的新陈代谢至关重要,它的氧化反应产生的热量是人类生命活动的重要供给能量,它可以直接在食品和医药工业中使用,也可以作为原料合成抗坏血酸。果糖是葡萄糖的同分异构体,它亦是一种单糖,通常以游离状态存在于水果浆汁和蜂蜜中,果糖与葡萄糖结合可以生成蔗糖,一般果糖为纯净无色晶体。通过太赫兹频段特征吸收谱分析辨别葡萄糖和果糖,有助于在工业生产过程中有效辨别这两种单糖。图 5 - 1 是葡萄糖和果糖的分子结构示意。

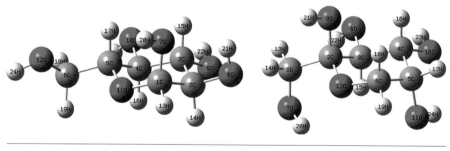

图 5 - 1
葡萄糖(左)和果糖(右)的分子结构示意

除了工业上辨别糖类的同分异构体,研究糖类分子的科学意义也非常重大。但是,生物分子的主要功能是在水环境下展现的,由于水对太赫兹波的强吸收,致使生物分子水溶液的太赫兹波研究变得非常困难。一水葡萄糖是葡萄糖的固

态一水合物,含有葡萄糖分子和水分子,研究一水葡萄糖在太赫兹频段的特征吸收谱是在固态情况下研究水分子与生物分子相互作用的典型代表。通过深入比较多晶水合物与葡萄糖的分子结构和振动模式,对于不含结晶水和含有结晶水的生物分子结构和光学模式进行数值模拟分析,可以为进一步了解糖类分子的功能作用奠定基础。

葡萄糖的晶胞参数如下[8]:空间群 $P2_12_12_1(Z=4)$, $a=10.366$ Å, $b=14.851$ Å, $c=4.975$ Å, $\alpha=\beta=\gamma=90.0°$。果糖的晶胞参数[9]:空间群 $P2_12_12_1$ $(Z=4)$, $a=8.088$ Å, $b=9.204$ Å, $c=10.034$ Å, $\alpha=\beta=\gamma=90.0°$。图 5-2 显示了这两种同分异构体晶胞中的分子排列方式。

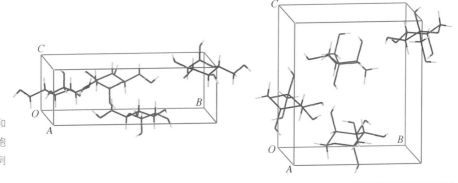

图 5-2
葡萄糖(左)和果糖(右)晶胞的分子排列方式

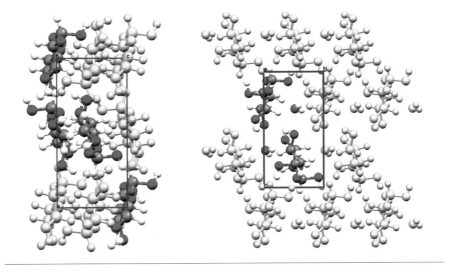

图 5-3
无水葡萄糖(左)和一水葡萄糖(右)晶胞的分子排列方式

一水葡萄糖的晶胞参数如下[10]：空间群为 P2$_1$/n（$Z=2$），$a=8.803$ Å，$b=5.085$ Å，$c=9.708$ Å，$\alpha=\gamma=90.0°$，$\beta=97.67°$。图 5-3 是无水葡萄糖和一水葡萄糖晶胞的分子排列方式。

5.4　实验测试和理论模拟计算方法

太赫兹频段特征吸收谱实验测试采用自由空间透射式 THz-TDS 系统。其中，钛宝石激光振荡器产生重复频率 76 MHz、脉宽 20 fs 的超短激光脉冲，超短太赫兹脉冲产生采用光电导天线方法，超短太赫兹脉冲探测采用自由空间电光采样（FSEOS）技术[11,12]。THz-TDS 系统测量 0.06～4.2 THz，分辨率为 0.007 5 THz(0.25 cm^{-1})。实验测试在室温（22℃）条件下进行，将用于太赫兹波产生与探测的光路置于充满干燥空气的密闭腔中，以减少空气中水汽对太赫兹波的吸收并提高实验测试系统的信噪比，密闭腔中相对湿度小于 1%。红外光谱测试系统采用 VERTEX 70 光谱仪（德国 Bruker Optics 公司），实验测试的频段和频谱分辨率分别为 500～4 000 cm^{-1} 和 2 cm^{-1}。

实验测试采用的葡萄糖样品购于成都某化工厂，果糖样品购于美国 Amresco 公司，一水葡萄糖购于西安某公司，并且都是分析纯试剂（纯度＞99.0%），使用前未做进一步处理。实验测试葡萄糖、果糖和一水葡萄糖的固相太赫兹频段特征吸收谱前，由于这三种物质在太赫兹频段的特征吸收较强，必须借助特定的分散剂以稀释其吸收强度，因而制作测试样品薄片时先将纯样品与高密度聚乙烯（HDPE）分散剂均匀混合（混合质量比均为 1∶6），然后将混合样品研磨成精细的粉末，最后用 500 kg/cm^2 压力将粉末样品压制成厚度为 1.10 mm、直径为 13 mm 的圆薄片。测试葡萄糖、果糖和一水葡萄糖的固相红外光谱前需要先将纯样品分别用溴化钾（KBr）分散剂稀释（混合质量比均为 1∶100），然后将混合物的固体颗粒研磨至精细粉末，最后用 700 kg/cm^2 压力将粉末样品压制成厚度为 1.50 mm、直径为 13 mm 的圆薄片。

为了分析辨识葡萄糖和果糖的太赫兹频段特征吸收谱及红外光谱，对这两种物质分别进行基于单分子结构和晶体结构的数值模拟计算。单分子模拟基于原子轨道线性组合理论,采用两种不同方法(MP2 和 B3LYP 泛函)计算,基组均为 $6-311+G(d,p)$,收敛标准为"very tight",且计算振动模式频率没有用标度因子修正(计算软件为 Gaussian 软件)。晶体结构模拟基于广义梯度近似平面波密度泛函理论,采用 PBE 和 PW91 交换相关泛函计算,基组均为常规保守 Kleinman-Bylander 赝势基组[13],且平面波截断能均为 1 200 eV,总能量收敛标准为 10^{-8} eV/atom,原子间最大力收敛小于 10^{-5} eV/Å(计算软件为 Materials Studio 软件)。完成分子结构优化后,通过求解质量加权海森矩阵的本征值得到 Γ 点的振动模式频率,并利用模式矢量和有效电荷计算振动模式的红外强度。

5.5 固相葡萄糖和果糖太赫兹波谱及红外特征吸收谱

5.5.1 固相葡萄糖的太赫兹频段振动模式计算以及太赫兹波谱

表 5-1 和表 5-2 分别比较了葡萄糖分子键长和键角的理论计算值与 X 射线衍射(XRD)实验数据[8]。不同理论(基于单分子结构的 MP2 和 B3LYP 理论以及基于晶胞结构的 PBE 和 PW91 理论)方法的数值模拟计算结果与实验测试结果的误差采用均方根偏差(RMSD)表示。

表 5-1
葡萄糖分子实验测试和理论计算键长

化学键	实验测试键长/Å	理论计算键长/Å			
		MP2(单分子)	B3LYP(单分子)	PBE(晶胞)	PW91(晶胞)
$C_1—C_2$	1.530	1.528	1.529	1.536	1.532
$C_2—C_3$	1.520	1.526	1.518	1.533	1.523
$C_3—C_4$	1.526	1.525	1.523	1.532	1.518
$C_4—C_5$	1.534	1.528	1.531	1.538	1.539
$C_5—O_{11}$	1.427	1.385	1.424	1.408	1.397
$C_6—C_5$	1.517	1.512	1.511	1.516	1.514
$O_7—C_1$	1.426	1.419	1.414	1.425	1.422
$O_8—C_2$	1.427	1.416	1.413	1.418	1.422
$O_9—C_3$	1.431	1.419	1.416	1.427	1.420
$O_{10}—C_4$	1.443	1.439	1.437	1.439	1.440
$O_{11}—C_1$	1.428	1.410	1.407	1.438	1.416

化 学 键	实验测试键长/Å	理论计算键长/Å			
		MP2（单分子）	B3LYP（单分子）	PBE（晶胞）	PW91（晶胞）
O_{12}—C_6	1.434	1.432	1.427	1.430	1.439
H_{13}—C_1	1.077	1.093	1.094	1.082	1.090
H_{14}—C_2	1.077	1.093	1.094	1.087	1.085
H_{15}—C_3	1.082	1.092	1.101	1.090	1.097
H_{16}—C_4	1.084	1.089	1.099	1.089	1.092
H_{17}—C_5	1.078	1.095	1.097	1.072	1.088
H_{18}—C_6	1.079	1.092	1.098	1.093	1.089
H_{19}—C_6	1.085	1.097	1.098	1.089	1.078
H_{20}—O_7	0.966	0.964	0.963	0.967	0.965
H_{21}—O_8	0.968	0.965	0.965	0.967	0.966
H_{22}—O_9	0.968	0.966	0.964	0.969	0.965
H_{23}—O_{10}	0.965	0.963	0.961	0.964	0.962
H_{24}—O_{12}	0.968	0.962	0.962	0.964	0.965
RMSD	—	0.005	0.004	0.001	0.002

表 5-2 葡萄糖分子实验测试和理论计算键角

化 学 键	实验测试键角/(°)	理论计算键角/(°)			
		MP2（单分子）	B3LYP（单分子）	PBE（晶胞）	PW91（晶胞）
C_1—C_2—C_3	111.1	111.4	111.7	110.5	110.4
C_2—C_3—C_4	109.8	112.4	110.2	111.1	110.8
C_3—C_4—C_5	111.1	111.2	109.9	110.5	110.5
C_4—C_5—O_{11}	110.1	111.3	111.5	112.4	111.7
C_5—O_{11}—C_1	113.8	117.1	116.7	115.0	116.4
C_6—C_5—O_{11}	107.4	107.7	107.0	107.6	107.1
O_7—C_1—C_2	104.3	106.2	105.6	105.0	104.7
O_8—C_2—C_3	113.0	113.5	113.3	112.9	113.2
O_9—C_3—C_4	108.7	110.5	109.8	108.4	109.2
O_{10}—C_4—C_5	110.9	111.9	112.2	111.5	110.1
O_{11}—C_1—C_2	108.7	110.3	108.5	108.4	108.8

化学键	实验测试键角/(°)	理论计算键角/(°)			
		MP2（单分了）	B3LYP（单分了）	PBE（晶胞）	PW91（晶胞）
O_{12}—C_6—C_5	109.7	107.8	108.4	109.5	108.9
H_{13}—C_1—C_2	111.3	111.1	110.8	111.2	111.7
H_{14}—C_2—C_3	108.8	108.2	108.6	109.2	108.3
H_{15}—C_3—C_4	108.5	107.7	107.6	109.7	108.0
H_{16}—C_4—C_5	110.1	109.7	109.6	110.3	110.9
H_{17}—C_5—C_6	110.4	108.7	108.9	110.2	109.9
H_{18}—C_6—C_5	110.3	109.0	109.2	110.5	109.6
H_{19}—C_6—C_5	109.0	108.5	108.9	108.8	109.3
H_{20}—O_7—C_1	112.3	107.5	109.5	111.9	111.2
H_{21}—O_8—C_2	108.8	106.0	107.4	108.5	107.8
H_{22}—O_9—C_3	108.0	106.2	106.9	108.2	107.6
H_{23}—O_{10}—C_4	112.0	109.7	110.2	112.1	111.3
H_{24}—O_{12}—C_6	107.4	107.7	106.8	107.9	107.0
RMSD	—	0.363	0.253	0.148	0.173

由表 5-1 和表 5-2 可见,基于单分子模拟的 MP2 和 B3LYP 方法计算获得的葡萄糖键长和键角的 RMSD 值比基于晶胞模拟的 PBE 和 PW91 方法都大,这表明分子间相互作用可以影响分子结构。此外,B3LYP 方法计算键长和键角的 RMSD 值与 MP2 方法相近,说明密度泛函方法也能得到与微扰理论方法相近的精确结果。而且,通过比较 PBE 与 PW91 泛函的模拟计算结果,可以发现前者计算得到的键长和键角 RMSD 值更小,说明 PBE 泛函能更好地再现葡萄糖的分子结构。PW91 和 PBE 泛函都是常用的密度泛函方法,都能很好地再现固态有机物的分子结构[14,15],但 PBE 泛函改进了 PW91 泛函,因而可以更精确地描述原子、分子和固体的局域自旋密度,进而有可能更精确地描述体系的能量[16],得到与实验值更接近的键长和键角。

图 5-4 显示了葡萄糖实验测试和不同理论方法计算的太赫兹波谱。图 5-4(a)比较了基于单分子模拟的 B3LYP 和 MP2 方法计算结果。由图 5-4(a)可

见,这两种理论方法都获得了 3 个分子内振动模式(MP2 方法对应结果为 1.98 THz、2.90 THz 和 3.23 THz;B3LYP 方法对应结果为 1.93 THz、2.68 THz 和 3.09 THz),其中采用 B3LYP 方法计算的 3 个振动模式频率与实验测试值更接近,而葡萄糖在 2.05 THz、2.64 THz 和 2.91 THz 处的实验测试吸收峰很可能来这 3 个振动模式。

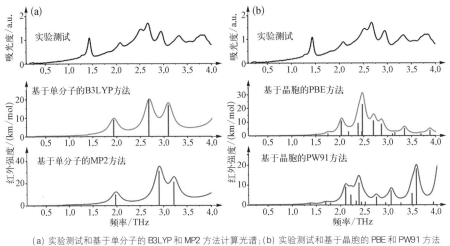

(a) 实验测试和基于单分子的 B3LYP 和 MP2 方法计算光谱;(b) 实验测试和基于晶胞的 PBE 和 PW91 方法计算光谱

图 5-4
葡萄糖实验测试和理论计算太赫兹光谱
(0.1~4.0 THz)

表 5-3 列出了这 3 个分子内振动模式的起源,发现它们主要来自基团 —CH$_2$OH 的扭曲运动。但理论上葡萄糖在 0.1~4.0 THz 频段应该有 10 个明显的特征吸收峰,基于葡萄糖单分子的数值模拟计算只再现了 3 个特征吸收峰,说明葡萄糖在该频段的多数特征吸收峰很可能源自分子间相互作用,因此有必要对晶体结构的葡萄糖进行数值模拟计算。

表 5-3
葡萄糖实验测试太赫兹吸收峰与理论计算振动模式

实验测试吸收峰/THz	理论计算振动模式/THz				
	MP2(单分子)	B3LYP(单分子)	PBE(晶胞)	PW91(晶胞)	振动模式描述
1.27	—	—	1.26	—	分子沿晶胞 a 轴平动
1.42	—	—	1.50	1.37	分子绕晶胞 a 轴转动
1.78	—	—	1.75	1.70	分子绕晶胞 c 轴转动
2.05	1.98	1.93	2.03	2.10	—CH$_2$OH 扭曲运动
			2.18	2.21	分子绕晶胞 b 轴转动

实验测试吸收峰/THz	理论计算振动模式/THz				
	MP2（单分子）	B3LYP（单分子）	PBE（晶胞）	PW91（晶胞）	振动模式描述
2.51	—	—	2.38	2.35	分子沿晶胞 b 轴平动
—	—	—	2.46	—	分子绕晶胞 c 轴转动
2.64	2.90	2.68	2.47	2.43	—CH_2OH 扭曲运动
2.91	3.23	3.09	2.70	2.75	—CH_2OH 扭曲运动
—	—	—	2.87	2.95	分子沿晶胞 c 轴平动
—	—	—	3.10	—	分子绕晶胞 c 轴转动
—	—	—	3.15	—	分子沿晶胞 a 轴平动
3.32	—	—	3.35	3.10	分子绕晶胞 a 轴转动
3.48	—	—	3.69	3.49	分子绕晶胞 b 轴转动
3.74	—	—	3.88	3.60	分子绕晶胞 a 轴转动

图 5-4(b)比较了基于葡萄糖晶胞模拟的 PBE 和 PW91 方法数值模拟计算的太赫兹波谱。由图 5-4(b)可见，与 PW91 泛函相比，PBE 泛函较好地再现了实验测试吸收峰，这是因为 PBE 泛函能更精确地计算葡萄糖分子结构。而且，由图 5-4(b)可见，除了中心频率位于 1.42 THz 的特征吸收峰以外，实验测试获得的中心频率位于 2.05 THz、2.51 THz、2.64 THz、2.91 THz、3.32 THz 和 3.74 THz 的 6 个吸收强度较强的特征吸收峰很可能分别由数值模拟计算获得的中心频率位于 2.03 THz、2.38 THz、2.47 THz、2.70 THz、3.35 THz 和 3.88 THz（PBE 泛函计算结果）的振动模式产生；而实验测试获得的中心频率位于 1.42 THz 的特征吸收峰很可能源自数值模拟计算获得的中心频率位于 1.50 THz 的振动模式，这是因为 PBE 泛函在数值模拟计算振动模式时采用了谐波近似，有可能低估了振动模式强度，类似现象在参考文献[70]中也报道过。此外，由表 5-3 可知，葡萄糖除了中心频率分别位于 2.05 THz、2.64 THz 和 2.91 THz 的特征吸收峰由分子内振动模式产生，其他特征吸收峰均源自分子间相互作用。因此，葡萄糖在太赫兹频段丰富的特征吸收与其复杂的分子内和分子间相互作用（主要是分子间范德瓦尔斯力和氢键相互作用）密切相关。

5.5.2 固相葡萄糖的红外波段振动模式计算以及红外特征吸收谱

图 5-5 比较了葡萄糖实验测试和基于单分子模拟计算的红外波段（500～4 000 cm⁻¹）频谱。

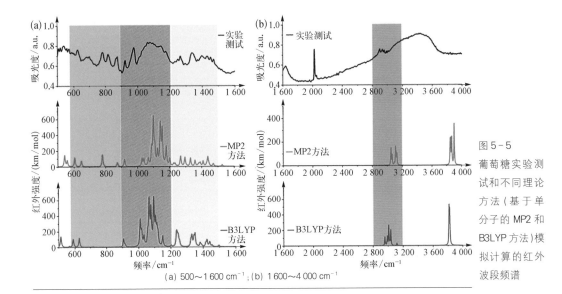

(a) 500～1 600 cm⁻¹；(b) 1 600～4 000 cm⁻¹

图 5-5
葡萄糖实验测试和不同理论方法（基于单分子的 MP2 和 B3LYP 方法）模拟计算的红外波段频谱

表 5-4 列出了葡萄糖实验测试红外吸收峰和数值模拟计算获得的振动模式的中心频率具体值。由图 5-5(a)可见，在 580～900 cm⁻¹ 频段，实验测试获得了 5 个明显的特征吸收峰，而采用 MP2 方法只模拟再现了中心频率分别位于 628.8 cm⁻¹、686.6 cm⁻¹、783.1 cm⁻¹ 和 875.6 cm⁻¹ 的特征吸收峰，采用 B3LYP 方法只再现了前 2 个特征吸收峰，这很可能是因为单分子模拟未考虑分子间相互作用对振动模式的影响。在 900～1 200 cm⁻¹ 频段，两种方法都再现了实验测试获得的所有特征吸收峰（923.9 cm⁻¹、977.9 cm⁻¹、1 080.1 cm⁻¹、1 147.6 cm⁻¹ 和 1 176.5 cm⁻¹）。在 1 200～1 500 cm⁻¹ 和 2 800～3 200 cm⁻¹ 频段，这两种理论方法也能再现葡萄糖所有的特征吸收峰，其中采用 B3LYP 方法获得的计算光谱比采用 MP2 方法获得的更接近实验测试值，因而前者可以更精确地描述葡萄糖分子结构。但是，这两种数值模拟计算方法都没有能够再现中心频率位于 2 030.0 cm⁻¹ 的特征吸收峰以及中心频率位于 3 200.0 cm⁻¹ 和 3 450.0 cm⁻¹ 的宽吸收带，说明基于单分子的理论计算尚不能精确地再现葡萄糖在红外波段所有的特征吸收，

因此基于葡萄糖晶体结构的数值模拟计算非常重要。

实验测试吸收峰/cm⁻¹	理论计算振动模式/cm⁻¹				
	MP2（单分子）	B3LYP（单分子）	PBE（晶胞）	PW91（晶胞）	振动模式描述
628.8	604.4	588.8	618.6	610.6	O—H 键摇摆运动
686.6	645.8	626.4	691.6	—	O—H 键摇摆运动
783.1	781.4	—	743.9	702.9	O—H 键摇摆运动
817.8	—	—	797.2	751.2	苯环变形运动
875.6	874.2		829.6	843.2	O—H 键摇摆运动
923.9	918.0	917.4	1 010.6	1 032.6	C—C 键伸缩运动
977.9	1 028.4	1 009.6	1 061.6	1 074.6	—CH₂OH 基团变形运动
1 080.1	1 099.0	1 065.8	1 103.2	1 093.6	苯环变形运动
1 147.6	1 142.6	1 094.4	1 133.9	1 120.2	C—H 键伸缩运动
1 176.5	1 179.2	1 149.2	1 171.9	1 166.6	C—H 键摇摆运动
1 265.2	1 268.6	1 236.4	1 237.6	1 227.9	C—H 键摇摆运动
1 338.5	1 329.4	1 330.0	1 348.6	1 364.2	C—H 键摇摆运动
1 624.0	—				
2 030.0	—				
2 898.9	3 050.2	2 956.0	2 873.9	2 811.6	C—H 键伸缩运动
2 933.6	3 111.8	3 006.8	2 919.9	2 871.6	H—C—H 键对称伸缩运动
3 200.0	—		3 153.9	3 040.9	O—H 键伸缩运动
—			3 176.6	3 073.6	O—H 键伸缩运动
3 450.0	—		3 265.2	3 212.6	O—H 键伸缩运动
—			3 298.6	3 327.9	O—H 键伸缩运动
—			3 331.6	3 446.9	O—H 键伸缩运动

图 5-6 比较了葡萄糖实验测试和基于晶胞模拟的红外波段频谱（500～4 000 cm⁻¹）。可以看出，与 PW91 泛函相比，PBE 泛函的计算光谱与实验测试吸收谱更相近，这是因为 PBE 泛函能更准确地描述晶体环境中的分子结构。而且与单分子计算结果不同，在图 5-6(a)中的 600～900 cm⁻¹ 频段，采用基于晶胞模拟的 PBE 泛函方法再现了葡萄糖所有的特征吸收峰，表明分子间相互作用对

分子内振动模式有很重要的影响;此外,PBE泛函在3 000~3 600 cm^{-1}频段的模拟计算光谱还再现了葡萄糖在中心频率分别位于3 200 cm^{-1}和3 450 cm^{-1}的宽吸收带(源自多个相邻的振动模式)。在图5-6(a)的900~1 280 cm^{-1}和1 300~1 425 cm^{-1}频段,PBE泛函计算光谱相比于实验测试光谱整体向高频方向移动,且没有再现中心频率分别位于1 624 cm^{-1}和2 030 cm^{-1}的特征吸收,这可能是因为PBE泛函在计算振动模式时未考虑振动非谐性。但是,基于晶胞模拟的PBE泛函再现了葡萄糖在500~4 000 cm^{-1}频段的大多数特征吸收峰,而且与单分子计算结果相比,采用这种方法计算获得的分子结构和振动模式与实验测试值更接近,说明PBE泛函更适用于葡萄糖这类有机物分子的结构和光谱分析。

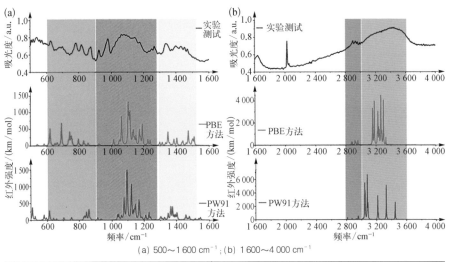

图5-6
葡萄糖实验测试和不同理论方法（基于晶胞模拟的PBE和PW91泛函方法）计算的红外波段频谱

(a) 500~1 600 cm^{-1}；(b) 1 600~4 000 cm^{-1}

5.5.3 固相果糖的太赫兹频段振动模式计算以及太赫兹波谱

表5-5比较了果糖键长和键角的理论计算值与X射线衍射(XRD)实验测试值[9],计算误差采用RMSD值表示。由表5-5可见,采用MP2与B3LYP方法计算键长和键角的RMSD值都很小,说明DFT方法也能很好地再现分子结构。然而,与葡萄糖的数值模拟计算结果类似,采用这两种基于单分子模拟方法的计算误差比采用基于晶胞模拟的PBE和PW91方法都大。因此,对于固相分子的结构模拟,有必要考虑分子间相互作用对结构的影响。此外,通过比较分别

采用 PBE 与 PW91 泛函的数值模拟计算结果,发现前者与相应的实验数据更接近。而且5.5.1节中 PBE 泛函也比 PW91 泛函计算的分子结构更精确,表明 PBE 泛函更适用于葡萄糖和果糖这类多羟基有机物的分子结构模拟。

表5-5
果糖分子实验测试和理论计算几何结构参数(键长和键角)

化 学 键	实验测试键长/Å	理论计算键长/Å			
		MP2(单分子)	B3LYP(单分子)	PBE(晶胞)	PW91(晶胞)
C_1—C_2	1.541	1.547	1.534	1.544	1.528
C_2—C_3	1.518	1.509	1.521	1.526	1.503
C_3—C_4	1.525	1.511	1.522	1.532	1.536
C_4—C_5	1.494	1.525	1.518	1.521	1.519
C_5—C_6	1.436	1.415	1.411	1.426	1.431
C_6—O_{12}	1.435	1.419	1.436	1.432	1.430
O_7—C_1	1.423	1.410	1.415	1.429	1.433
O_8—C_2	1.412	1.406	1.410	1.414	1.420
O_9—C_3	1.425	1.411	1.428	1.429	1.423
O_{10}—C_4	1.416	1.436	1.426	1.408	1.419
O_{11}—C_5	1.423	1.415	1.422	1.429	1.437
O_{12}—C_2	1.413	1.428	1.423	1.424	1.402
H_{13}—C_1	0.959	1.091	1.041	0.923	0.967
H_{14}—C_1	0.929	1.100	1.050	0.978	0.992
H_{15}—C_3	0.995	1.102	1.093	1.023	1.076
H_{16}—C_4	0.908	1.096	1.042	0.975	1.010
H_{17}—C_5	1.002	1.089	1.099	1.038	1.067
H_{18}—C_6	0.997	1.095	1.072	0.986	0.973
H_{19}—C_6	0.912	1.090	1.035	0.967	0.982
H_{20}—O_7	0.845	0.874	0.866	0.812	0.823
H_{21}—O_8	0.839	0.897	0.865	0.821	0.819
H_{22}—O_9	0.728	0.862	0.823	0.776	0.702
H_{23}—O_{10}	0.737	0.865	0.843	0.779	0.785
H_{24}—O_{11}	0.732	0.866	0.829	0.789	0.810
RMSD	—	0.019	0.014	0.006	0.009

化学键	实验测试 键角/(°)	理论计算键角/(°)			
		MP2 （单分子）	B3LYP （单分子）	PBE （晶胞）	PW91 （晶胞）
C_1—C_2—C_3	111.2	111.7	110.1	110.3	111.9
C_2—C_3—C_4	109.3	109.9	110.0	110.1	111.1
C_3—C_4—C_5	111.0	110.0	110.1	110.5	112.0
C_4—C_5—C_6	111.1	112.8	112.7	112.4	111.9
C_5—C_6—O_{12}	111.0	112.9	112.3	111.5	109.2
C_6—O_{12}—C_2	114.6	116.4	116.7	115.1	115.7
O_7—C_1—C_2	110.4	111.3	111.9	111.0	110.8
O_8—C_2—C_3	106.8	108.9	108.3	107.4	107.1
O_9—C_3—C_4	108.8	110.5	107.3	109.7	109.2
O_{10}—C_4—C_5	109.6	108.0	108.2	110.3	109.1
O_{11}—C_5—C_6	107.3	105.9	108.9	108.2	107.9
O_{12}—C_2—C_1	111.3	108.2	108.6	108.5	109.8
H_{13}—C_1—C_2	112.6	110.1	110.3	114.7	111.9
H_{14}—C_1—C_2	112.4	110.0	110.2	111.3	111.4
H_{15}—C_3—C_4	105.1	107.8	107.1	104.2	105.7
H_{16}—C_4—C_5	108.0	109.7	109.4	106.8	107.2
H_{17}—C_5—C_6	109.6	107.6	108.5	110.1	109.2
H_{18}—C_6—C_5	112.2	110.1	110.7	111.3	111.8
H_{19}—C_6—C_5	110.8	111.7	109.8	111.9	110.2
H_{20}—O_7—C_1	108.9	107.2	107.3	109.6	108.7
H_{21}—O_8—C_2	112.9	110.9	109.5	110.7	111.8
H_{22}—O_9—C_3	110.4	113.5	109.0	109.2	109.8
H_{23}—O_{10}—C_4	110.8	107.2	108.4	111.9	110.3
H_{24}—O_{11}—C_5	110.7	107.7	109.0	111.2	109.7
RMSD	—	0.424	0.361	0.182	0.239

图 5-7 显示了果糖实验测试和采用不同理论方法计算的太赫兹频段特征
吸收谱,其中图 5-7(a)比较了基于单分子模拟的 B3LYP 和 MP2 方法计算结
果。可以看出,这两种方法的数值计算结果很接近,都获得了 3 个分子内振动模

式(MP2 方法对应结果为 2.30 THz、2.98 THz 和 3.64 THz；B3LYP 方法对应结果为 2.27 THz、2.98 THz 和 3.65 THz)，而实验测试获得的果糖在中心频率分别位于 2.12 THz、2.95 THz 和 3.56 THz 的特征吸收很可能源自这 3 个振动模式。

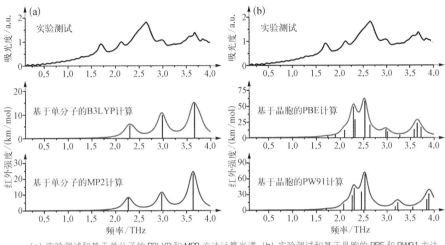

(a) 实验测试和基于单分子的 B3LYP 和 MP2 方法计算光谱；(b) 实验测试和基于晶胞的 PBE 和 PW91 方法计算光谱

表 5-6 列出了果糖实验测试太赫兹吸收峰和理论计算振动模式。由表 5-6 可知，这 3 个特征吸收峰主要由苯环的变形和基团—CH₂OH 的扭曲运动产生。但是，单分子模拟只再现了果糖的 3 个特征吸收峰，表明果糖在该频段的大多数特征吸收也源自分子间相互作用。

实验测试吸收峰/THz	理论计算振动模式/THz				振动模式描述
	MP2（单分子）	B3LYP（单分子）	PBE（晶胞）	PW91（晶胞）	
1.69	—	—	1.74	1.71	分子沿晶胞 a 轴平动
—	—	—	1.90	—	分子沿晶胞 c 轴平动
2.12	2.30	2.27	2.10	2.08	苯环变形运动
2.43			2.29	2.26	分子绕晶胞 b 轴转动
			2.32	2.31	分子绕晶胞 b 轴转动
2.65			2.53	2.46	分子绕晶胞 c 轴转动
			2.64	2.53	分子绕晶胞 c 轴转动

实验测试吸收峰/THz	理论计算振动模式/THz				
	MP2（单分子）	B3LYP（单分子）	PBE（晶胞）	PW91（晶胞）	振动模式描述
2.95	2.98	2.98	2.97	3.18	—CH₂OH 扭曲运动
—	—	—	3.01	3.24	分子沿晶胞 b 轴平动
3.24	—	—	3.28	3.55	分子绕晶胞 b 轴转动
3.56	3.64	3.65	3.56	3.85	—CH₂OH 扭曲运动
3.68	—	—	3.64	3.89	分子绕晶胞 c 轴转动
3.84	—	—	3.72	—	分子绕晶胞 b 轴转动

图 5-7(b)比较了分别采用基于晶胞的 PBE 和 PW91 泛函数值模拟计算获得的果糖的太赫兹频段特征吸收谱,发现采用基于晶胞的 PBE 泛函比采用基于晶胞的 PW91 泛函更好地再现了果糖的实验测试吸收峰,这主要是因为 PBE 泛函可以更精确地描述果糖分子结构。并且由图 5-7(b)可见,除了中心频率位于 1.69 THz 的特征吸收峰以外,实验测试获得的中心频率分别位于 2.12 THz、2.65 THz、2.95 THz、3.68 THz 和 3.84 THz 的 5 个吸收较强的特征吸收峰很可能来自中心频率分别位于 2.10 THz、2.53 THz、2.97 THz、3.64 THz 和 3.72 THz(PBE 泛函计算结果)的振动模式;而中心频率位于 1.69 THz 的特征吸收很可能由振动模式 1.74 THz 产生,因为 PBE 泛函有可能低估了振动模式强度。结合图 5-7 和表 5-6 可知,果糖在 0.1～4.0 THz 频段丰富的特征吸收也主要源于分子内和分子间相互作用。

5.5.4　固相果糖的红外波段振动模式计算以及红外特征吸收谱

图 5-8 比较了在 500～4 000 cm⁻¹ 频段内,果糖的实验测试和基于单分子结构的数值模拟计算光谱,表 5-7 详细地列出了果糖实验测试获得的红外吸收峰和理论计算获得的振动模式。

由图 5-8(a)可见,在 500～650 cm⁻¹、750～1 000 cm⁻¹ 和 1 080～1 480 cm⁻¹ 频段,采用 B3LYP 和 MP2 方法都能很好地再现实验测试吸收峰,而且采用

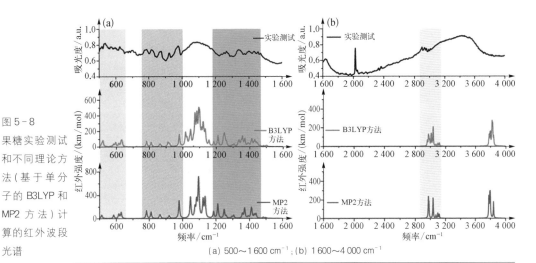

图 5-8
果糖实验测试
和不同理论方
法（基于单分
子的 B3LYP 和
MP2 方法）计
算的红外波段
光谱

(a) 500～1 600 cm⁻¹；(b) 1 600～4 000 cm⁻¹

B3LYP 泛函方法的数值计算结果与实验测试值更接近；在 1 020～1 180 cm⁻¹ 频段，计算结果显示该频段存在很多频率间隔很小的高强度振动模式，而实验测试结果表明中心频率位于 1 089.7 cm⁻¹ 附近亦存在很宽的吸收带，因此这很可能是由于实验测试光谱仪的分辨率不足以区分这些频率间隔很小的振动模式所致。

表 5-7
果糖实验测试
红外吸收峰和
理论计算振动
模式

实验测试吸收峰/cm⁻¹	理论计算振动模式/cm⁻¹				振动模式描述
	MP2（单分子）	B3LYP（单分子）	PBE（晶胞）	PW91（晶胞）	
538.1	514.0	521.0	514.1	513.9	O—H 键摇摆运动
623.0	630.2	633.4	628.9	628.1	O—H 键摇摆运动
694.3	—	—	662.5	663.0	O—H 键摇摆运动
786.9	783.2	784.8	760.5	761.0	—CH₂OH 扭曲运动
815.9	813.0	812.5	805.4	795.3	苯环变形运动
873.7	867.4	866.2	867.3	875.7	—CH₂OH 扭曲运动
923.9	921.6	914.2	931.7	930.9	C—H 键摇摆运动
975.0	981.0	981.8	981.3	990.1	C—H 键摇摆运动
1 089.7	1 047.6	1 048.2	1 048.5	1 057.3	C—H 和 O—H 键摇摆运动
—	1 097.0	1 097.8	1 096.9	1 105.3	C—H 和 O—H 键摇摆运动
—	1 136.0	1 123.6	1 136.1	1 144.5	C—H 和 O—H 键摇摆运动

实验测试 吸收峰/cm⁻¹	理论计算振动模式/cm⁻¹				
	MP2 （单分子）	B3LYP （单分子）	PBE （晶胞）	PW91 （晶胞）	振动模式描述
1 265.2	1 247.8	1 249.4	1 250.1	1 258.5	—CH₂OH 扭曲运动
1 338.5	1 372.0	1 358.6	1 327.3	1 326.7	C—H 和 O—H 键摇摆运动
1 400.3	1 414.8	1 413.6	1 386.5	1 387.1	—CH₂OH 扭曲运动
1 637.5	—	—	1 627.3	1 617.3	苯环变形运动
2 025.1	—	—	—	—	—
2 900.8	2 978.2	2 979.0	2 978.9	2 987.3	C—H 键伸缩运动
3 192.1	—	—	3 464.5	3 465.7	O—H 键伸缩运动
3 429.3	3 802.6	3 825.8	3 779.3	3 781.2	O—H 键伸缩运动
—	3 830.4	3 837.2	3 867.7	3 865.7	O—H 键伸缩运动

在图 5-8(b)中的 2 875~3 125 cm⁻¹ 频段，采用 B3LYP 和 MP2 方法都可以很好地再现果糖的特征吸收峰；而中心频率位于 3 429.3 cm⁻¹ 的宽吸收带有可能源于以 3 825.8 cm⁻¹（B3LYP 泛函计算结果）为中心的多个振动模式。但是，采用 B3LYP 和 MP2 方法都没有能够再现中心频率位于 694.3 cm⁻¹、1 637.5 cm⁻¹ 和 2 025.1 cm⁻¹ 的特征吸收峰，这可能是基于单分子结构的数值模拟忽略了晶体环境对振动模式的影响。尽管如此，采用 B3LYP 和 MP2 方法还是很好地再现了果糖在 500~4 000 cm⁻¹ 频段的大多数特征吸收峰，而且依据这些振动模式的起源可知，果糖在 500~4 000 cm⁻¹ 频段的特征吸收峰主要来自其分子内振动模式（以化学键的摇摆及伸缩、基团的扭曲和苯环的变形运动为主）。

图 5-9 比较了在 500~4 000 cm⁻¹ 频段内，果糖的实验测试和基于晶胞结构数值模拟计算的红外波段光谱。可以看出，采用 PBE 和 PW91 泛函的计算光谱与实验测试光谱都很相近。

在图 5-9(a)的 500~720 cm⁻¹、740~1 000 cm⁻¹ 和 1 300~1 500 cm⁻¹ 频段，采用 PBE 和 PW91 泛函方法都可以再现实验测试获得的所有特征吸收峰；在 1 000~1 280 cm⁻¹ 频段，以 1 110.0 cm⁻¹ 为中心的多个振动模式很可能是产生中心频率位于 1 089.7 cm⁻¹ 的实验测试宽吸收带的来源。

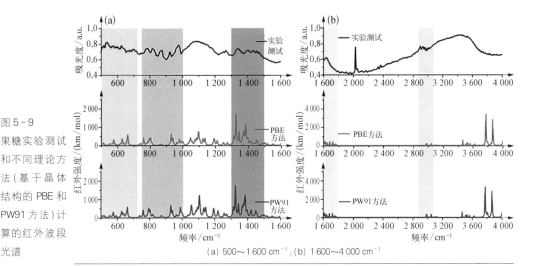

图 5-9
果糖实验测试
和不同理论方
法(基于晶体
结构的 PBE 和
PW91 方法)计
算的红外波段
光谱

(a) 500~1 600 cm⁻¹；(b) 1 600~4 000 cm⁻¹

在图 5-9(b)中,采用 PBE 和 PW91 泛函方法也能够很好地再现 1 600～
1 700 cm⁻¹ 和 2 880～3 070 cm⁻¹ 频段的特征吸收;而实验测试获得的中心频率
分别位于 3 192.1 cm⁻¹ 和 3 429.3 cm⁻¹ 的宽吸收带很可能源于中心频率分别位于
3 464.5 cm⁻¹、3 779.3 cm⁻¹ 及 3 867.7 cm⁻¹（PBE 泛函计算结果）的多个振动模
式。而且不难看出,数值模拟计算得到的振动模式向高频方向移动,这很可能是
密度泛函方法在振动模式计算时未考虑振动非谐性所致。此外,与单分子结构
数值模拟计算方法相比,采用基于晶胞结构数值模拟的 PBE 和 PW91 泛函再现
了中心频率分别位于 694.3 cm⁻¹ 和 1 637.5 cm⁻¹ 的特征吸收(由表 5-7 可知,这
两个频率处的特征吸收分别来自果糖分子中羟基的摇摆和苯环的变形运动),更
完整地再现了果糖的红外吸收峰。

图 5-10 和图 5-11 分别比较了葡萄糖和果糖在太赫兹频段以及红外频段的
特征吸收谱。可以看出,葡萄糖和果糖在红外频段(500～4 000 cm⁻¹)特征吸收峰
的位置差异不大,因此依据它们的红外特征吸收峰很难辨识这两种同分异构物
质。由表 5-4 和表 5-7 可知,葡萄糖和果糖的红外特征吸收峰主要源于其分子
内相互作用,而它们的分子结构又很相似,所以它们的红外特征吸收峰差异较小。
然而,葡萄糖和果糖在太赫兹频段(0.1～4.0 THz)的特征吸收峰存在明显差异。
由表 5-3 和表 5-6 可知,葡萄糖和果糖在太赫兹频段的特征吸收大多来自它们分子间的相互作用,而葡萄糖和果糖虽然分子式相同,但由于它们晶胞中分子的空间排布和分子间相互作用不同,因此太赫兹特征吸收峰差异较大。

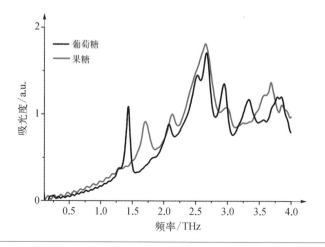

图 5-10
葡萄糖和果糖
在 0.1~
4.0 THz频段的
特征吸收谱

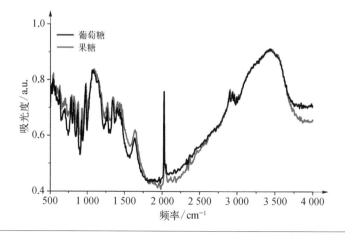

图 5-11
葡萄糖和果糖
在 500~
4 000 cm^{-1}频段
的特征吸收谱

综上所述,与葡萄糖和果糖的红外频段特征吸收谱相比,通过它们的太赫兹频段特征吸收谱更容易辨别这两种同分异构体。

5.6 无水葡萄糖与一水葡萄糖太赫兹频段振动模式计算以及太赫兹波谱分析

室温下,一水葡萄糖在 10~100 cm^{-1}频段的太赫兹特征吸收谱如图 5-12

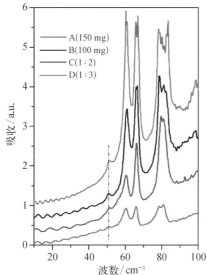

图 5 - 12
不同浓度一水
葡萄糖在 10～
100 cm^{-1} 的实
验测试太赫兹
吸收谱

所示。实验测试时,为了能够清晰地探测到这些特征吸收峰,实验制备和测试了四种不同浓度的一水葡萄糖薄片样品。其中,样品 A 和 B 分别由一水葡萄糖粉末(分析纯)直接称量压片(Pellet)而成,质量分别为 150 mg 和 100 mg。

由图 5 - 12 可见,实验测试纯的一水葡萄糖样品 A 和 B 获得了 3 个中心频率分别位于 50.8 cm^{-1}、60.1 cm^{-1} 和 65.9 cm^{-1} 的明显特征吸收峰,而处于更高频的 2 个特征吸收峰由于纯的一水葡萄糖样品的吸收强度太大,难以确定这 2

个高频特征吸收峰的具体位置。因此,为了减弱纯的一水葡萄糖样品在太赫兹频段特征吸收峰强度,样品 C 和 D 采用纯的一水葡萄糖粉末与聚四氟乙烯按一定质量比均匀混合压制成薄片。由图 5 - 12 中样品 D 的实验测试太赫兹频段特征吸收谱可见,一水葡萄糖的 2 个中心频率分别位于 78.7 cm^{-1} 和 80.9 cm^{-1} 的

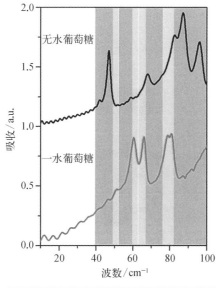

图 5 - 13
无水葡萄糖和
一水葡萄糖在
10～100 cm^{-1}
的实验测试太
赫兹吸收谱

特征吸收峰清晰可辨。

由先前实验测试获得的无水葡萄糖的太赫兹频段特征吸收谱可知,在 10～100 cm^{-1} 频段内,无水葡萄糖总共显现 7 个特征吸收峰,其中 2 个弱吸收峰位于低频区,5 个强吸收峰位于 40～100 cm^{-1} 频段内;而对于一水葡萄糖,显现的 5 个特征吸收峰均位于 50～85 cm^{-1} 频段内。图 5 - 13 是室温条件下,无水葡萄糖和一水葡萄糖在 10～100 cm^{-1} 频段的太赫兹特征吸收谱。通过比较一水葡萄糖和无水葡萄糖的

太赫兹频段特征吸收谱可以发现,两者的太赫兹频段特征吸收峰完全不同,这说明超快太赫兹波谱技术有望辨识生物分子及其一水化合物。此外,一水葡萄糖与无水葡萄糖在太赫兹频段特征吸收谱的主要区别可能来源于水分子的嵌入影响了葡萄糖分子的空间排列。

由于一水葡萄糖和无水葡萄糖的太赫兹频段特征吸收峰差别非常明显,经过深入研究与分析,发现这些差异主要来源于一水葡萄糖和无水葡萄糖晶胞中分子空间排列的不同。图 5-3 是一水葡萄糖和无水葡萄糖晶胞的分子排列形式,不难看出,一水葡萄糖和无水葡萄糖的分子空间排列顺序完全不同。由参考文献[8,10]可知,无水葡萄糖属于晶体对称性为 D_2 的正交晶体,而一水葡萄糖属于对称性为 C_2 的单斜晶体,两者的晶胞中均包含 4 个分子,但不同之处在于无水葡萄糖晶胞包含 4 个葡萄糖分子,而一水葡萄糖晶胞包含 2 个葡萄糖和 2 个水分子。因此,基于空间群理论,无水葡萄糖共有 285 个光学模式,即 $71a + 71b + 71c + 72d$,其中 21 个光学模式来源于葡萄糖分子间的光学声子模式 $(5a + 5b + 5c + 6d)$,因为只有对称性是 a、b 和 c 的光学声子模式具有红外活性,因而无水葡萄糖共有 15 个呈红外活性的分子间光学声子模式。另一方面,一水葡萄糖共有 159 个光学模式,即 $79a + 80b$,其中 21 个光学模式来源于一水葡萄糖分子间的光学声子模式 $(10a + 11b)$,因而一水葡萄糖共有 21 个呈红外活性的分子间光学声子模式。由此可见,不同的物质由于晶体结构对称性的不同可能呈现不同的光学模式,而不同的光学模式则会直接导致实际测试物质时获得的太赫兹频段特征吸收谱的差异。

表 5-8 是采用固态理论计算无水葡萄糖分子结构的键长和键角数据与 X 射线衍射实验数据的对比情况,它们均方根差值(RMSD)的微小差异表明理论计算和实验测试结果的一致性。无水葡萄糖的分子结构示意见图 5-1(左),一水葡萄糖中葡萄糖的分子结构示意见图 5-14。

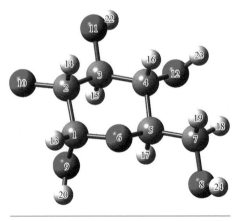

图 5-14
一水葡萄糖中葡萄糖的分子结构示意

通过表 5-8 的比较可以明显看出，无水葡萄糖分子理论计算和实验测试最大的键长差发生在 $C_5—O_6$ 和 $O_6—C_1$，具体数值分别被低估了 0.080 Å 和 0.087 Å。对于键角，理论计算和实验测试最大差异值发生在 $C_5—O_6—C_1$ 和 $O_6—C_1—C_2$，其差异值分别达到 3.34° 和 1.59°。尽管如此，数值模拟计算获得的键长和键角的均方根偏差（RMSD）分别是 0.047 Å 和 1.65°，表明分子结构的总体优化计算是成功的。

表 5-8 无水葡萄糖和一水葡萄糖分子实验测试和理论计算的几何结构参数（键长和键角）

无水葡萄糖					
键长/Å			键角/(°)		
	Exp.	PBE		Exp.	PBE
$C_1—C_2$	1.529	1.529	$C_1—C_2—C_3$	111.14	111.41
$C_2—C_3$	1.520	1.523	$C_2—C_3—C_4$	109.81	109.78
$C_3—C_4$	1.525	1.516	$C_3—C_4—C_5$	111.10	111.20
$C_4—C_5$	1.534	1.539	$C_4—C_5—O_6$	110.07	111.32
$C_5—O_6$	1.427	1.347	$C_5—O_6—C_1$	113.75	117.09
$O_6—C_1$	1.428	1.341	$O_6—C_1—C_2$	108.72	110.31
$C_1—C_7$	1.511	1.507	$C_2—C_1—C_7$	111.54	110.12
$C_7—O_8$	1.414	1.337	$C_1—C_7—O_8$	110.45	112.95
$O_8—H_9$	0.966	0.965	$C_7—O_8—H_9$	107.70	108.70
RMSD		0.047			1.65

一水葡萄糖					
键长/Å			键角/(°)		
	Exp.	PBE		Exp.	PBE
$C_1—C_2$	1.510	1.558	$C_1—C_2—C_3$	112.67	112.29
$C_2—C_3$	1.522	1.509	$C_2—C_3—C_4$	109.03	109.54
$C_3—C_4$	1.521	1.518	$C_3—C_4—C_5$	111.36	110.82
$C_4—C_5$	1.513	1.503	$C_4—C_5—O_6$	118.85	117.13
$C_5—O_6$	1.451	1.335	$C_5—O_6—C_1$	113.06	118.61
$O_6—C_1$	1.427	1.337	$O_6—C_1—C_2$	110.93	111.22
$C_1—C_7$	1.510	1.512	$C_2—C_1—C_7$	106.57	107.48
$C_7—O_8$	1.473	1.338	$C_1—C_7—O_8$	112.19	112.86
$O_8—H_9$	0.912	0.947	$C_7—O_8—H_9$	107.29	108.62
RMSD		0.063	RMSD		1.84

图 5 - 15 是通过实验测试和固态数值计算获得的无水葡萄糖的太赫兹频段特征吸收谱,其中理论计算获得的振动模式以半高全宽(FWHM)为 5 cm^{-1} 的洛伦兹函数展开。由图 5 - 15 可见,相较于单个分子的计算,采用固态数值计算很好地再现了无水葡萄糖实验测试获得的太赫兹频段特征吸收峰。表 5 - 9 是在 10～100 cm^{-1} 频段内,基于固态密度泛函的数值模拟计算结果,总共得到了 10 个具有红外活性的光学模式($3a + 4b + 3c$)。当然,在这 10 个具有红外活性的光学模式中,前 2 个光学模式由于吸收强度很微弱而使得它们并未在频谱中显现,可能的原因是数值模拟计算模型低估了 10～100 cm^{-1} 频段葡萄糖分子间的相互作用。作为对照,实验测试和数值计算获得的无

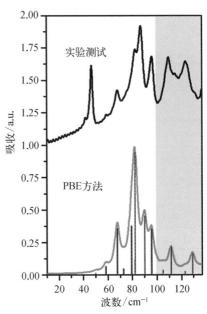

图 5 - 15
无水葡萄糖实验测试(上)和理论模拟(下)的太赫兹频段特征吸收谱

水葡萄糖的太赫兹频段特征吸收峰及其匹配情况均罗列在表 5 - 9 中。

无水葡萄糖		一水葡萄糖	
Exp.	PBE	Exp.	PBE
41.9	41.9 (0.03)[①]	50.8	54.0 (4.84)[①]
46.8	49.9 (0.34)	60.1	64.8 (4.14)
58.7	58.4 (1.59)		65.7 (9.38)
67.6	67.7 (10.98)	65.9	72.5 (6.89)
	72.7 (1.19)		84.8 (0.63)
82.8	79.4 (9.12)	78.7	86.8 (4.15)
	82.1 (2.93)	80.9	92.2 (4.65)
87.1	82.5 (22.84)		97.4 (0.09)
96.0	90.2 (11.0)		
	95.82 (8.55)		

表 5 - 9
无水葡萄糖和一水葡萄糖实验测试和理论计算的太赫兹吸收峰(单位: cm^{-1})

① 括号里表示的是红外强度(km/mol)。

一水葡萄糖分子键长和键角的实验测试值与数值模拟计算值均罗列于表5-8中,并利用均方根偏差(RMSD)值评估两者之间的差异。经过评估计算,发现数值模拟计算的一水葡萄糖的结构参数与实验测试结果的一致性很好。其中,键长的 RMSD 值为 0.063 Å,键角的 RMSD 值为 1.84°。图 5 - 16 是实验测试和数值模拟计算获得的一水葡萄糖的太赫兹频段特征吸收谱。数值模拟计算获得了 5 个明显的太赫兹频段特征吸收峰,与实验测试结果正好匹配。

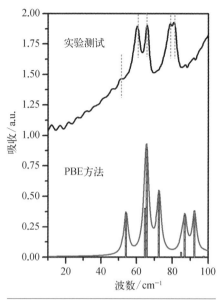

图 5 - 16 一水葡萄糖实验测试(上)和理论模拟(下)的太赫兹频段特征吸收谱

表5-9列举了数值模拟计算获得的一水葡萄糖的特征吸收模式。模拟计算结果表明,一水葡萄糖在 $10 \sim 100 \text{ cm}^{-1}$ 频段内总共有 8 个光学模式 $(3a + 5b)$,但由于中心频率分别位于 84.8 cm^{-1} 和 97.4 cm^{-1} 的振动模式的吸收强度非常小,所以实际采用 6 个光学模式诠释实验测试获得的特征吸收峰。需要说明的是,实验测量一水葡萄糖的中心频率分别位于 50.8 cm^{-1} 和 78.7 cm^{-1} 的特征吸收峰获得了数值模拟计算结果验证,对应的理论计算中心频率分别是 54.0 cm^{-1} 和 86.8 cm^{-1}。表 5 - 9 还列举了实验测试获得的无水葡萄糖和一水葡萄糖的太赫兹频段特征吸收峰与其对应的光学模式模拟计算值,可以看出,实验测试获得的太赫兹频段特征吸收峰基本来源于分子间相互作用。但相较于无水葡萄糖,一水葡萄糖的计算结果明显偏大,也就是说在数值模拟计算中体系能量被高估的程度偏大。其中,一水葡萄糖在 $10 \sim 100 \text{ cm}^{-1}$ 频段内的特征吸收峰实验测试值与理论计算值最大相差 11.3 cm^{-1},而无水葡萄糖的最大差异值仅为 5.8 cm^{-1},这表明含水晶胞在光谱模拟计算中显现的非谐振作用大于无水分子晶胞[17]。

对于无水葡萄糖晶体而言,一个葡萄糖分子与其他葡萄糖分子间共有 10 个氢键,而且所有的分子间相互作用来源于葡萄糖分子间相互作用。但是对于一水葡萄糖而言,一个葡萄糖分子与其他分子间的 10 个氢键中,有 4 个氢键是分布在水分子与葡萄糖分子间。由于物质的太赫兹频段特征吸收谱主要来源于分子间的范德瓦尔斯力和氢键,所以可得到这样的结论:一水葡萄糖分子间的相互作用模式基本来源于葡萄糖分子间、葡萄糖和水分子间的相互作用。由一水葡萄糖的 X 射线衍射测试结果可以发现[10],葡萄糖分子和水分子在晶胞中由于 C_2 空间群的对称性分别成对存在。因此,这里采用固态密度泛函理论对成对的葡萄糖分子和水分子在晶胞中的振动模式进行数值计算模拟,深入研究水分子间与葡萄糖分子间相互作用对实验测试特征吸收峰的贡献。

图 5-17 是数值模拟计算的晶胞结构。需要说明的是,所有的数值模拟计算都是在同样的晶胞参数下进行的。

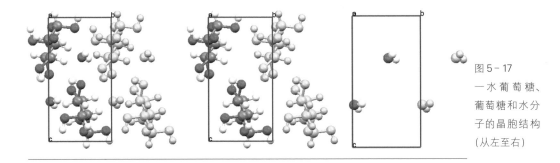

图 5-17
一水葡萄糖、葡萄糖和水分子的晶胞结构(从左至右)

图 5-18 是分别基于一水葡萄糖(上)和葡萄糖分子(下)晶胞的数值模拟计算结果,计算过程中采用的两种分子结构的晶胞参数一致。可以看出,基于两种不同晶胞的数值模拟计算获得的频谱峰位具有很好的一致性,表明数值模拟计算很成功。对比两种计算结果,可见葡萄糖的分子间相互作用对其太赫兹频段特征吸收峰的贡献除了中心频率位于 $60.1~cm^{-1}$ 的特征吸收峰以外均很大。由于图 5-18(下)的数值模拟计算结果显示在 $60\sim70~cm^{-1}$ 频段内没有明显的特征吸收峰,因而可以推断实验测试获得的中心频率位于 $60.1~cm^{-1}$ 的特征吸收峰来源于水分子和葡萄糖分子的相互作用。

表 5-10 列举了进一步数值模拟计算的结果。由于数值模拟计算水分子得到的光学模式吸收强度过于微小,可以忽略其对一水葡萄糖实验测试获得的特征吸收峰的贡献。由表 5-10 可见,一水葡萄糖和葡萄糖的数值模拟计算结果

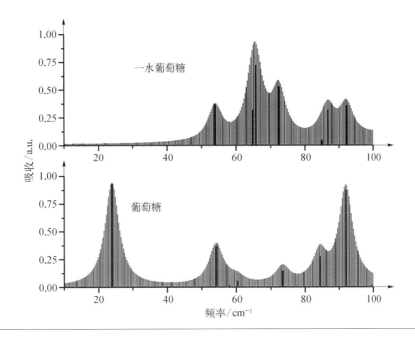

图 5-18
一水葡萄糖和
葡萄糖在 10～
100 cm⁻¹ 的固
态 模 拟 计 算
结果

显示分别有 8 个和 9 个光学模式。其中,葡萄糖的数值模拟计算吸收强度相比于一水葡萄糖的计算结果有大有小;另一方面,葡萄糖的计算显示存在一个中心频率位于 23.9 cm⁻¹ 的特征吸收峰。理论分析表明,一水葡萄糖晶胞中水分子的存在一定程度上遏制了晶胞中的葡萄糖分子间相互作用,实验测试显示无水葡萄糖比一水葡萄糖获得了更多的特征吸收峰也说明了这个问题。

表 5-10
模拟计算的一
水 葡 萄 糖 、葡
萄糖和水分子
的太赫兹特征
吸收峰(单位:
cm⁻¹)

模 拟 计 算		
一水葡萄糖	葡萄糖	水
	23.9 (30.8)[1]	43.8 (0.04)[1]
54.0 (4.84)[1]	54.2 (12.7)	
64.8 (4.14)	58.0 (0.55)	
65.7 (9.38)	60.3 (1.81)	
72.5 (6.89)	72.8 (0.19)	
84.8 (0.63)	73.5 (4.89)	
86.8 (4.15)	84.2 (9.09)	
92.2 (4.65)	92.0 (28.9)	
97.4 (0.09)	99.4 (0.44)	

① 括号里表示的是光学模式的红外强度(km/mol)。

由实验测试结果可见,一水葡萄糖与无水葡萄糖的太赫兹频段特征吸收峰完全不同。这是因为水分子的存在影响了葡萄糖分子间的空间排列形式,直接导致了一水葡萄糖呈现不同于无水葡萄糖的特征吸收峰。进一步理论分析发现,无水葡萄糖在太赫兹频段的特征吸收峰主要来源于葡萄糖分子间相互作用,而一水葡萄糖的特征吸收峰则主要来源于葡萄糖分子间相互作用和葡萄糖与水分子间相互作用。

参考文献

[1] Jepsen P U, Clark S J. Precise ab-initio prediction of terahertz vibrational modes in crystalline systems[J]. Chemical Physics Letters, 2007, 442(4 - 6): 275 - 280.

[2] Fan W H, Burnett A D, Upadhya P C, et al. Far-infrared spectroscopic characterization of explosives for security applications using broadband terahertz time-domain spectroscopy[J]. Applied Spectroscopy, 2007, 61(6): 638 - 643.

[3] Walther M, Fischer B M, Jepsen P U. Noncovalent intermolecular forces in polycrystalline and amorphous saccharides in the far infrared[J]. The Journal of Chemical Physics, 2003, 288(2 - 3): 261 - 268.

[4] Upadhya P C, Shen Y C, Davies A G, et al. Terahertz time-domain spectroscopy of glucose and uric acid[J]. Journal of Biological Physics, 2003, 29(2 - 3): 117 - 121.

[5] Liu H B, Chen Y Q, Zhang X C. Characterization of anhydrous and hydrated pharmaceutical materials with THz time-domain spectroscopy [J]. Journal of Pharmaceutical Sciences, 2007, 96(4): 927 - 934.

[6] Ma S H, Shi Y L, Yan W, et al. Study on the THz spectra of tyrosine[J]. Spectroscopy and Spectral Analysis, 2007, 27(9): 1665 - 1668.

[7] Yang L M, Zhao K, Sun H Q, et al. THz absorption spectra of several carbohydrate derivatives[J]. Spectroscopy and Spectral Analysis, 2008, 28(5): 961 - 965.

[8] Brown G M, Levy H A. α-D-Glucose: further refinement based on neutron-diffraction data[J]. Acta Crystallographica Section B, 1979, 35: 656 - 659.

[9] Kanters J A, Roelofsen G, Alblas B P, et al. The crystal and molecular structure of β-d-fructose, with emphasis on anomeric effect and hydrogen-bond interactions[J]. Acta Crystallographica Section B, 1977, 33(3): 665 - 672.

[10] Hough E, Neidle S, Rogers D, et al. The crystal structure of α-D-glucose monohydrate[J]. Acta Crystallographica Section B, 1973, 29(2): 365 - 367.

[11] Wu Q, Litz M, Zhang X C. Broadband detection capability of ZnTe electro-optic field detectors[J]. Applied Physics Letters, 1996, 68(21): 2924 - 2926.

[12] Lu Z G, Campbell P, Zhang X C. Free-space electro-optic sampling with a high-repetition-rate regenerative amplified laser[J]. Applied Physics Letters, 1997, 71(5): 593 - 595.

[13] Kleinman L, Bylander D M. Efficacious form for model pseudopotentials[J]. Physical Review Letters, 1982, 48(20): 1425 - 1428.

[14] King M D, Ouellette W, Korter T M. Noncovalent interactions in paired DNA nucleobases investigated by terahertz spectroscopy and solid-state density functional theory[J]. The Journal of Physical Chemistry A, 2011, 115(34): 9467 - 9478.

[15] Wang Q, Wang H L. THz spectroscopic investigation of chlorotoluron by solid-state density functional theory[J]. Chemical Physics Letters, 2012, 534: 72 - 76.

[16] Perdew J P, Burke K, Ernzerhof M. Generalized gradient approximation made simple[J]. Physical Review Letters, 1996, 77(18): 3865 - 3868.

[17] King M D, Buchanan W D, Korter T M. Investigating the anharmonicity of lattice vibrations in water-containing molecular crystals through the terahertz spectroscopy of L-serine monohydrate[J]. The Journal of Physical Chemistry A, 2010, 114(35): 9570 - 9578.

6

苯二酚、烟酸及其同
分异构体的太赫兹波
谱研究

6.1　同分异构体及其太赫兹波谱

同分异构体又称同分异构物,通常指具有相同分子式、各原子间的化学键也常常是相同的,但是原子排列却不同的化合物。也就是说,这类物质有相同的分子式,却有着不同的"结构式"。许多同分异构体有着相同或相似的化学性质。这种化合物具有相同分子式,但具有不同结构的同分异构现象是有机化合物种类繁多、数量巨大的原因之一。

同分异构体的分子组成和相对分子质量完全相同而分子的结构不同,其物理性质和化学性质也不一定相同。有机物同分异构体可分为构造异构和立体异构两大类。具有相同分子式,但分子中原子或基团连接顺序不同的同分异构体,称为构造异构。在分子中原子的结合顺序相同,而原子或原子团在空间的相对位置不同的同分异构体,称为立体异构。构造异构又分为(碳)链异构、位置异构和官能团异构(异类异构)。立体异构又分为构象和构型异构,而构型异构还分为顺反异构和旋光异构(对映异构)。

有机物产生同分异构体的本质在于其分子内原子的排列顺序不同,通常主要包含下列三种情况。

(1) 碳链异构

由于碳原子的连接次序不同而引起的异构现象,例如 $CH_3CH(CH_3)CH_3$ 和 $CH_3CH_2CH_2CH_3$。

(2) 官能团位置异构

由于官能团的位置不同而引起的异构现象,例如 $CH_3CH_2CH=CH_2$ 和 $CH_3CH=CHCH_3$。

(3) 官能团异构

由于官能团的不同而引起的异构现象,主要有以下九种。

① 烯烃与环烷烃:通式为 $C_nH_{2n}(n \geqslant 3)$。

② 二烯烃、单炔烃与环单烯烃:通式为 $C_nH_{2n-2}(n \geqslant 3)$。

③ 苯及其同系物与多烯：通式为 $C_nH_{2n-6}(n\geqslant6)$。

④ 饱和一元醇与饱和一元醚：通式为 $C_nH_{2n+2}O(n\geqslant2)$。

⑤ 饱和一元醛、饱和一元酮、烯醇：通式为 $C_nH_{2n}O(n\geqslant3)$。

⑥ 饱和一元羧酸、饱和一元酯、羟基醛：通式为 $C_nH_{2n}O_2(n\geqslant2)$。

⑦ 酚、芳香醇、芳香醚：通式为 $C_nH_{2n-6}O(n\geqslant6)$。

⑧ 葡萄糖与果糖，蔗糖与麦芽糖。

⑨ 氨基酸$[R-CH(NH_2)-COOH]$与硝基化合物$(R'-NO_2)$。

大量有机物分子的扭转、摆动、集体平动和转动能级处在太赫兹频段。因此，有机物的太赫兹频段特征吸收谱可以反映物质的特性，亦被称为"指纹谱"。除此之外，物质的太赫兹频段特征吸收谱对其分子构造及其周围环境特别敏感，即使分子中原子的排列或者分子空间分布的微小差异都能反映在其太赫兹频段特征谱上。因此，利用太赫兹波谱不仅能够识别分子结构相似的物质[1-3]，而且可以区分同分异构体[4-6]。近年来，越来越多的科研机构和企业开始利用太赫兹波谱技术研究同分异构体。

2010 年，Oppenheim 等首次利用邻苯二腈和间苯二腈在 $0.6\sim3.0$ THz 频段的特征吸收谱辨识了这两种同分异构体，表明分子结构相似的邻苯二腈和间苯二腈分子在太赫兹低频段的特征吸收谱差异主要源自其晶胞中分子堆积方式的差异[7]。2011 年，King 等首次利用太赫兹波谱区分药物双氯芬酸的两种同分异构体，展现了太赫兹波谱技术在药物分析领域的应用潜力[5]。2012 年，Zheng 等首次利用太赫兹特征波谱技术辨识了苯二酚的三种同分异构体（邻苯二酚、间苯二酚、对苯二酚），并采用密度泛函理论数值模拟和分析研究了三种苯二酚同分异构体的太赫兹频段特征吸收峰的起源[8]。2015 年，Dash 等通过分析三种苯二腈同分异构体的太赫兹频段特征吸收峰，辨识了三种苯二腈同分异构体的分子间和分子内振动模式[9]。2016 年，Song 等深入研究了四种儿茶酚同分异构体的太赫兹波谱，证实了分子结构差异对物质在太赫兹频段反射系数的影响[1]。随着太赫兹波谱技术和理论计算方法的日趋成熟，同分异构体的太赫兹波谱研究在很多领域都显示出重要的应用前景。

6.2 邻苯二酚、间苯二酚和对苯二酚及其分子结构

邻苯二酚是重要的化工中间体,可用于制造橡胶硬化剂、电镀添加剂、染发剂、照相显影剂等。间苯二酚主要用于橡胶黏合剂、合成树脂、医药和分析试剂,可以杀菌并用作防腐剂等。对苯二酚主要用于制造偶氮染料、橡胶防老剂、稳定剂和抗氧剂等。这三种物质含有相同的原子,化学式均为 $C_6H_6O_2$,只是由于羟基连接位置的不同形成了官能团异构。图 6-1 是这三种同分异构体的分子结构示意。鉴于这三种同分异构体的实际用途不同,所以利用 THz-TDS 技术对这三种同分异构体物质进行检测研究有利于工业生产监测及辨别。

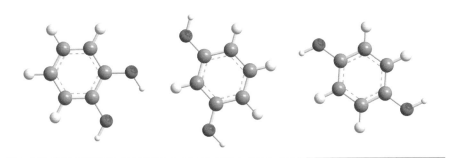

图 6-1
邻苯二酚、间苯二酚和对苯二酚的分子结构示意(从左至右)

6.3 实验样品制备和理论模拟计算方法

邻苯二酚购于天津某公司,间苯二酚购于上海某公司,对苯二酚购于某工厂。购买的样品均为分析纯(纯度≥99%),实验中未做进一步纯化处理。实验测试前,先用玛瑙研钵将称量好的纯样品粉末研磨至微小颗粒,再用 600 kg/cm² 的压力将其压制成圆薄片(厚度约为 1.18 mm,直径为 13 mm)。因此,邻苯二酚、间苯二酚和对苯二酚三种同分异构体物质的实验测试样品均为纯品,无任何掺杂。

单分子数值模拟计算采用基于原子线性轨道的密度泛函理论进行,选用

B3LYP方法[10]，基组为 6 - 311G(d，p)，收敛程度为"tight"。在晶胞模拟计算中，运用平面波赝势密度泛函理论，采用局域密度泛函 PBE 方法[11]，常规保守赝势。平面波的截断能为 1 200 eV，布里渊区 K 点的采样间隔为 0.05 Å^{-1}，Γ 点用来计算振动频率。振动模式的强度是在给定有效电荷和模式矢量情况下数值计算共振强度获得的。另外，所有的固相晶胞计算均是在晶胞参数锁定情况下进行的。具体地，邻苯二酚的晶胞结构参数[12]：空间群是 P21/c($Z=4$)，$a=$10.082 Å，$b=5.518$ Å，$c=10.943$ Å，$\alpha=\gamma=90.0°$，$\beta=118.53°$；间苯二酚的晶胞结构参数是[13]：空间群为 Pna21($Z=4$)，$a=10.530$ Å，$b=9.530$ Å，$c=5.60$ Å，$\alpha=\beta=\gamma=90.0°$。

6.4 邻苯二酚、间苯二酚和对苯二酚太赫兹频段振动模式及特征吸收谱

图 6 - 2 是邻苯二酚、间苯二酚和对苯二酚的太赫兹频段特征吸收谱。可以看出，这三种同分异构体物质在太赫兹频段的特征吸收峰明显不同，说明太赫兹波谱技术可用于同分异构体的检测。

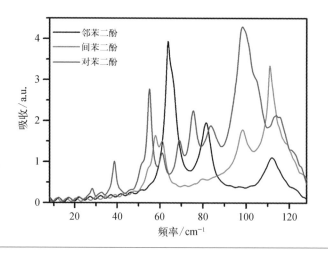

图 6 - 2 邻苯二酚、间苯二酚和对苯二酚的室温太赫兹特征吸收谱

表 6 - 1 是实验测试获得的这三种同分异构物质在 8~128 cm^{-1} 的特征吸收峰。其中，邻苯二酚显现 3 个明显的特征吸收峰，其中心频率分别位于

63.7 cm^{-1}、81.5 cm^{-1}和 112.0 cm^{-1},而且这 3 个特征吸收峰的吸收强度随着中心频率的升高而减弱,另外 1 个肩峰位于 66.0 cm^{-1};间苯二酚呈现了 6 个实验测试吸收峰,中心频率分别位于 54.7 cm^{-1}、57.8 cm^{-1}、61.0 cm^{-1}、80.0 cm^{-1}、98.5 cm^{-1}和 111.0 cm^{-1},其中吸收强度最大的特征吸收峰中心频率位于 111.0 cm^{-1},1 个肩峰位于 54.7 cm^{-1},1 个较弱的吸收峰位于 80.0 cm^{-1},其余 3 个特征吸收峰展现了中度吸收能力;实验测试对苯二酚共获得了 12 个特征吸收峰,中心频率分别位于 28.3 cm^{-1}、32.6 cm^{-1}、38.7 cm^{-1}、51.2 cm^{-1}、54.9 cm^{-1}、61.0 cm^{-1}、69.2 cm^{-1}、75.4 cm^{-1}、83.6 cm^{-1}、98.3 cm^{-1}、103.8 cm^{-1}和 114.0 cm^{-1},其中吸收强度最大的特征吸收峰中心频率位于 98.3 cm^{-1},2 个较弱吸收峰的中心频率分别位于 28.3 cm^{-1}和 32.6 cm^{-1},2 个弱吸收肩峰的中心频率分别位于 51.2 cm^{-1}和 103.8 cm^{-1},其余的 7 个特征吸收峰均表现出中等的吸收强度,也很容易观测到。

表 6-1
邻苯二酚、间苯二酚和对苯二酚的室温太赫兹特征吸收峰(单位: cm^{-1})

邻苯二酚	间苯二酚	对苯二酚
		28.3
		32.6
		38.7
	54.7[①]	51.2[①]
	57.8	54.9
63.7	61.0	61.0
66.0[①]		69.2
		75.4
81.5	80.0	83.6
	98.5	98.3
		103.8[①]
112.0	111.0	114.0

① 该吸收峰为肩峰。

由表 6-1 可知,实验测试同分异构物质邻苯二酚、间苯二酚和对苯二酚获得的太赫兹频段特征吸收峰数目依次增加,分别为 4 个、6 个和 12 个。根据这三种同分异构体的分子结构可知,它们的单个分子均包含 14 个原子,其中邻苯二酚的单分子对称性为 C_s，间苯二酚的单分子对称性为 C_{2v}，对苯二酚的单分子对称性为 C_{2h}。为了进一步分析理解这三种同分异构体在太赫兹频段的特征吸收峰来源，这里采用量化理论对这三种同分异构物质进行数值模拟计算。表 6-2 列举了基于气态理论数值模拟计算获得的这三种同分异构物质单个分子的最低频率及其对应的振动模式。

表 6-2 基于邻苯二酚、间苯二酚和对苯二酚单分子计算的最低频率（单位：cm^{-1}）

邻苯二酚	描述	间苯二酚	描述	对苯二酚	描述
152.5 (147.1)[①]	OH_b[②]	220.8 (11.2)[①]	$OH+CH_b$[②]	152.6 (0.5)[①]	$OH+CH_b$

① 括号中是计算的振动模式强度（km/mol）；② b 指弯曲振动模式。

可以看出，基于气态理论数值模拟计算获得的这三种同分异构物质单个分子的最低振动频率均不在实验测试范围内，说明这三种同分异构物质的分子内振动模式并未对实验测试得到的太赫兹频段特征吸收谱给予贡献，也就是说实验测试获得的太赫兹频段特征吸收峰非常有可能来源于这三种同分异构物质的分子间相互作用，并因其分子空间排列方式的不同而造成了实验测试获得的太赫兹频段特征吸收峰的差异。此外，基于邻苯二酚单分子结构进行数值模拟计算获得的最低振动模式对应的中心频率值最小，很有可能是由于邻苯二酚分子结构中的两个羟基相邻较近，形成了分子内氢键（O—H…O）。

由 X 射线衍射实验测试晶体结构数据[12]可知，邻苯二酚是对称性为 C_{2h} 的单斜晶体（$Z=4$），间苯二酚是对称性为 C_{2v} 的单斜晶体（$Z=4$），对苯二酚是对称性为 S_6 的六边形晶体（$Z=54$）。由此可见，这三种同分异构物质的晶胞结构参数以及对称性完全不同。另一方面，这三种同分异构物质晶胞中的分子空间排列形式也完全不同，具体排列形式如图 6-3 所示。显而易见，对苯二酚晶胞中包含的分子数最多，当然分子间相互作用会比较多，因而导致其实验测试获得的特征吸收峰比较多。

由图 6-3 可知，邻苯二酚的晶胞中包含 4 个邻苯二酚分子，总计 52 个原子。根据群论可知，邻苯二酚共有 165 个光学模式，即 $40B_u+41A_u+42B_g+42A_g$，其中 144 个光学模式（$36B_u+36A_u+36B_g+36A_g$）属于分子内振动模式，21 个光学模式（$4B_u+5A_u+6B_g+6A_g$）属于分子间振动模式，即声子模式。由于

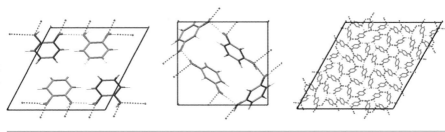

图 6-3
邻苯二酚、间
苯二酚和对苯
二酚的晶胞结
构(从左至右)

邻苯二酚的晶胞对称性为 C_{2h},所以对称性为 A_u 和 B_u 的振动模式不显示其红外特性,因而不会被太赫兹波谱技术实验观测到。

图 6-4 是邻苯二酚在 8~128 cm^{-1} 频段内实验测试和基于固相 PBE 理论数值模拟计算获得的太赫兹频段特征吸收谱。由图 6-4 可见,实验测试数据和数值模拟结果达到了很好的匹配。表 6-3 罗列了邻苯二酚在太赫兹频段特征吸收峰的实验测试和模拟计算数据,并对实验测试获得的特征吸收峰与数值模拟计算结果进行了匹配。具体地,实验测试得到的中心频率位于 63.7 cm^{-1} 的特征吸收峰主要由数值计算获得的中心频率分别位于 55.9 cm^{-1} 和 61.5 cm^{-1} 的振动模式引起;而数值计算获得的中心频率位于 63.7 cm^{-1} 的振动模式可用于解释实验测试获得的中心频率位于 66.0 cm^{-1} 的特征吸收峰;实验测试得到的中心频率位于 81.5 cm^{-1} 的特征吸收峰来源于数值计算获得的中心频率分别位于 83.8 cm^{-1} 和 89.0 cm^{-1} 的 2 个振动模式;数值计算获得的中心频率分别位于 113.7 cm^{-1} 和 117.2 cm^{-1} 的 2 个振动模式则主要贡献于实验测试获得的中心频率位于 112.0 cm^{-1} 的特征吸收峰。

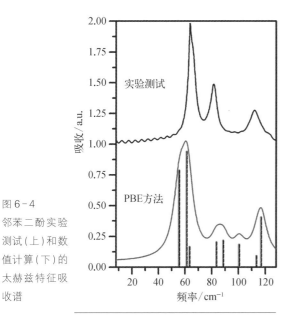

图 6-4
邻苯二酚实验
测试(上)和数
值计算(下)的
太赫兹特征吸
收谱

实　验	理　论	
	PBE	描　　述
63.7	55.9 (3.59)[②]	绕晶胞 a 轴的平动
	61.5 (4.30)	绕晶胞 b 轴的平动
66.0[①]	63.7 (0.77)	绕晶胞 c 轴的转动
81.5	83.8 (0.94)	绕晶胞 b 轴的转动
	89.0 (1.00)	绕晶胞 c 轴的转动
	101.7 (0.85)	绕晶胞 a 轴的转动
112.0	113.7 (0.43)	绕晶胞 c 轴的转动
	117.2 (2.41)	绕晶胞 b 轴的转动

表 6-3
邻苯二酚实验
测试和理论计
算的太赫兹特
征吸收峰(单
位：cm^{-1})

① 该吸收峰是肩峰,中心频率位于 63.7 cm^{-1};② 括号里是数值计算获得的红外吸收强度(km/mol)。

尽管数值模拟计算结果与实验测试结果呈现了很高的一致性,但微小的失配仍然存在。例如,数值计算获得的中心频率位于 101.7 cm^{-1} 的振动模式并未在实验测试结果中找到与其匹配的特征吸收峰,原因可能是这个振动模式与邻近的 2 个中心频率分别位于 113.7 cm^{-1} 和 117.2 cm^{-1} 的振动模式共同贡献于实验测试获得的中心频率位于 112.0 cm^{-1} 的特征吸收峰,或者有可能是因为 DFT 计算中夸大了分子间相互作用而导致这个特征吸收峰的出现。表 6-3 对数值模拟计算得到的振动模式的来源逐一进行了描述,每个振动模式的描述基于振动中原子位移以及对实验测试结果的最大贡献。由于数值模拟计算获得的振动模式均来源于晶胞内分子的转动和平动,因而实验测试获得的邻苯二酚的太赫兹频段特征吸收峰主要来源于分子间相互作用。

间苯二酚晶胞包含 4 个间苯二酚分子,总计 52 个原子。根据群论可知,共有 165 个光学模式,即 $41B_1+41B_2+41A_1+42A_2$,其中 144 个光学模式($36B_1+36B_2+36A_1+36A_2$)属于分子内振动模式,21 个光学模式($5B_1+5B_2+5A_1+6A_2$)属于分子间振动模式。由于间苯二酚的空间群对称性为 C_{2v},所以只有对称性为 A_1、B_1 和 B_2 的光学模式才会显示出红外振动强度,即有可能被太赫兹波谱技术实验观测到。

图 6-5 是间苯二酚实验测试和采用固态 PBE 理论数值模拟计算获得的太赫兹频段特征吸收谱。显而易见,数值计算模拟结果很好地再现了实验测试得

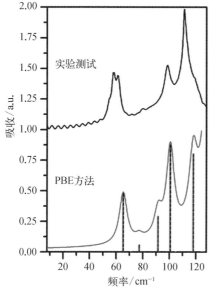

图6-5
间苯二酚实验
测试(上)和数
值计算(下)的
太赫兹特征吸
收谱

到的间苯二酚太赫兹频段特征吸收谱。

表6-4列举了数值模拟计算和实验测试获得的间苯二酚在太赫兹频段的特征吸收峰。可以看出,基于PBE理论计算共获得了8个振动模式以解释实验测试得到的6个特征吸收峰。其中,由于数值模拟计算获得的中心频率分别位于70.8 cm^{-1}、104.8 cm^{-1}和124.9 cm^{-1}的3个光学模式的吸收强度非常小,使得它们在图6-5中并未显现,因此这里实际是依据5个数值模拟计算获得的振动模式解释6个实验测试获得的特征吸收峰。具体地,中心频率位于61.0 cm^{-1}的实验吸收峰对应于中心频率位于65.4 cm^{-1}的理论计算振动模式,中心频率位于80.0 cm^{-1}的实验吸收峰对应于中心频率位于77.6 cm^{-1}的数值计算获得的振动模式,中心频率位于98.5 cm^{-1}的实验测试吸收峰来源于理论计算的中心频率位于100.9 cm^{-1}的振动模式,实验获得的中心频率位于111.0 cm^{-1}的特征吸收峰由中心频率位于118.1 cm^{-1}的模拟计算振动模式贡献。根据实验测试的特征吸收峰和理论计算获得的振动模式匹配可见,总体上基于PBE泛函的数值模拟计算结果对实验测试获得的间苯二酚的太赫兹频段特征吸收谱进行了很好的匹配描述,但是理论计算的光学模式与实验测试得到的太赫兹频段特征吸收峰的个数仍然存在偏差。例如,中心频率位于91.7 cm^{-1}的理论计算模式并未在实验测试数据中找到对应的特征吸收峰,这有可能是这个振动模式与邻近的其他振动模式共同贡献于实验测试获得的中心频率位于98.5 cm^{-1}的特征吸收峰,或者是由于DFT在数值模拟计算中夸大了分子间相互作用而得到了这个振动模式。此外,在50～70 cm^{-1}频段内,实验测试间苯二酚共获得了3个特征吸收峰,而PBE计算只获得了1个中心频率位于65.4 cm^{-1}的有效振动模式,这有可能是因为数值计算依据的理论模型在模拟分子间非共价键作用力的能力方面有所欠缺。

实　　验	理　　论		
	PBE	描　　述	
54.7			
57.8			
61.0	65.4 (3.49)[①]	绕晶胞 c 轴的平动	
	70.8 (0.01)	绕晶胞 c 轴的平动	
80.0	77.6 (0.36)	绕晶胞 a 轴的平动	
	91.7 (1.76)	绕晶胞 b 轴的平动	
98.5	100.9 (5.93)	绕晶胞 b 轴的转动	
	104.8 (0.02)	绕晶胞 a 轴的转动	
111.0	118.1 (4.47)	绕晶胞 b 轴的转动	
	124.9 (0.03)	绕晶胞 c 轴的转动	

表 6-4
间苯二酚实验测试和理论计算的太赫兹特征吸收峰（单位：cm^{-1}）

① 括号里是数值计算获得的红外吸收强度（km/mol）。

为了全面认识间苯二酚在太赫兹频段的特征吸收特性，这里采用基于固态理论的 PBEsol 函数对间苯二酚在太赫兹频段的振动模式进行数值模拟计算。可以看到，虽然采用 PBEsol 函数的总体计算效果不如采用 PBE 函数，但是在 $50 \sim 70\ cm^{-1}$ 频段内共获得了 3 个中心频率分别位于 $62.0\ cm^{-1}$、$66.1\ cm^{-1}$ 和 $68.2\ cm^{-1}$ 的振动模式。图 6-6 是实验测试与采用 PBEsol 方法数值模拟计算获得的间苯二酚的太赫兹频段特征吸收谱。依据模拟计算获得的光学模式的可视化最大位移，不难发现这 3 个振动模式均来源于分子间的平动。表 6-4 列举了实验测试获得的特征吸收峰对应的理论计算振动模式来源。总体而言，实验测试获得的中心频率分别位于 $54.7\ cm^{-1}$、$57.8\ cm^{-1}$、$61.0\ cm^{-1}$ 和 $80.0\ cm^{-1}$ 的太赫兹频段特征吸收峰来源于间苯二酚晶胞内部的分子间平动，而中心频率分别位于 $98.5\ cm^{-1}$ 和

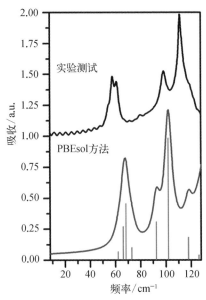

图 6-6
间苯二酚实验测试和理论计算（PBEsol）的太赫兹特征吸收谱

111.0 cm^{-1} 的实验测试特征吸收峰来源于分子间的转动。

对苯二酚的晶胞中共含有 54 个分子,即使在数值模拟计算过程中转换成元胞,一个晶胞也含有 18 个分子,共计 753 个光学模式:188E$_u$+188A$_u$+188E$_g$+189A$_g$。在这些光学模式中,650 个光学模式(163E$_u$+164A$_u$+161E$_g$+162A$_g$)属于分子内振动模式,而 103 个光学模式(25E$_u$+24A$_u$+27E$_g$+27A$_g$)属于分子间振动模式。由于对苯二酚晶胞的对称性为 S$_6$,因此只有对称性为 E$_u$ 和 A$_u$ 的振动模式才具有红外活性,即有可能被太赫兹波谱技术观测到。此外,采用固相理论计算含有 252 个原子的晶胞需要大量计算资源,我们当前可以利用的计算机资源暂时无法满足这样的需求。

6.5 邻苯二酚的太赫兹吸收谱及中红外吸收谱

前面主要分析了邻苯二酚、间苯二酚和对苯二酚在太赫兹频段的特征吸收谱,并对这三种同分异构物质进行了辨别。这里主要分析邻苯二酚的太赫兹频段(8～128 cm^{-1})特征吸收谱及中红外频段(400～2 000 cm^{-1})特征吸收谱,并数值模拟计算邻苯二酚的晶胞体积变化对其太赫兹频段特征吸收峰中心频率的影响。采用固相密度泛函理论模拟仿真和解析了邻苯二酚在中红外频段的特征吸收谱,通过对比研究,分析阐述了邻苯二酚的太赫兹频段特征吸收峰以及中红外频段特征吸收峰产生的内在原因。

6.5.1 实验样品制备及理论计算方法

邻苯二酚的太赫兹频段特征吸收谱来源于前面的实验测试结果,而红外频段的特征吸收谱采用频率分辨率 2 cm^{-1} 的傅里叶红外光谱仪 VERTEX 70(德国 Bruker Optics 公司)实验测试获得。需要指出的是,实验测试邻苯二酚的中红外频段特征吸收谱时,首先利用玛瑙研钵将称量好的邻苯二酚进行仔细研磨以减少颗粒散射,然后取适量的邻苯二酚与稀释剂溴化钾(KBr)以质量比 3∶97 混合均匀并压片制成测试样品。

图 6-7 是邻苯二酚的单分子与晶胞结构示意。邻苯二酚的单分子数值计

算采用原子轨道线性组合理论,B3LYP方法和 6-311+G(d,p)基组,收敛标准为"tight";基于固相理论进行数值模拟计算采用的晶胞参数是利用 X 射线衍射技术在环境温度 100 K 条件下测试获得的,具体参数:空间群 P2$_1$/n(Z=4),a=9.732 Å,b=5.620 Å,c=10.332 Å,α=γ=90.0°,β=114.24°。

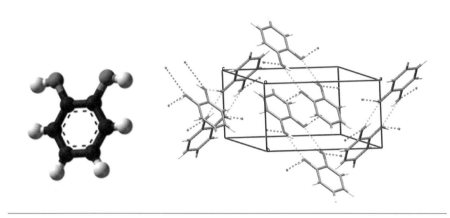

图 6-7
邻苯二酚的单分子(左)和晶胞(右)结构示意

6.5.2　实验测试及理论模拟结果分析

图 6-8(a)是在室温条件下实验测试邻苯二酚获得的太赫兹频段(8~128 cm^{-1})特征吸收谱。可以看出,邻苯二酚呈现了 4 个中心频率分别位于 63.7 cm^{-1}、66.0 cm^{-1}、81.5 cm^{-1}和 112.0 cm^{-1}的特征吸收峰,其中中心频率位于 66.0 cm^{-1}的特征吸收峰是邻近中心频率位于 63.7 cm^{-1}的特征吸收峰的 1 个肩峰,在图 6-8(a)的插入图中可清晰辨别。根据前面的研究可以知道,基于邻苯二酚单分子结构数值模拟计算获得的振动模式并未对其实验测试获得的太赫兹频段特征吸收峰显现任何贡献,说明实验测试获得的太赫兹频段特征吸收峰主要来自邻苯二酚的分子间相互作用,所以这里直接采用固相密度泛函理论对其太赫兹频段的实验测试特征吸收峰进行数值模拟计算。

图 6-8(b)是依据固态密度泛函理论数值计算的结果。显而易见,数值模拟计算得到了 3 个中心频率分别位于 73.3 cm^{-1}、97.5 cm^{-1}和 123.0 cm^{-1}的强吸收峰。此外,在中心频率位于 73.3 cm^{-1}的强吸收峰附近可以清楚地观测到 1 个中心频率位于 81.2 cm^{-1}的肩峰。仔细对比图 6-8(a)(b)可以发现,数值计算得

到的邻苯二酚太赫兹频段特征吸收峰与实验测试获得的特征吸收峰非常吻合，只是数值计算得到的太赫兹频段特征吸收峰与实验测试的特征吸收峰存在"整体性频移"现象。仔细比较邻苯二酚在太赫兹频段特征吸收谱数值计算模拟数据可以发现，图6-8(b)在特征吸收峰的包络对比中呈现更好的匹配效果。例如，前面数值计算获得的中心频率位于101.7 cm^{-1}的振动模式在实验测试结果中并未找到与之匹配的振动模式，这可能是因为这里进行的数值模拟计算采用的是X射线衍射实验测试获得的邻苯二酚晶胞参数，由于该晶胞参数是在温度100 K条件下测试获得的，所以前面为了与室温条件下实验测试的邻苯二酚太赫兹频段特征吸收谱对比而未在数值模拟计算时采用。这里主要通过对温度100 K条件下实验测试获得的邻苯二酚晶胞参数进行数值计算模拟，研究数值模拟计算获得的邻苯二酚太赫兹特征吸收谱对其晶胞温度变化的敏感情况。

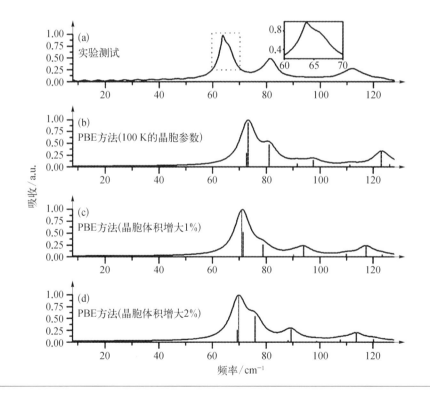

图6-8
邻苯二酚实验
测试(a)和理
论计算(b~d)
的太赫兹吸
收谱

显而易见，图6-8(a)呈现的邻苯二酚实验测试特征吸收峰和图6-8(b)呈现的数值计算(PBE方法)振动模式之间存在着明显的"频移"，这很可能是因为数值模拟计算采用的晶胞参数是在温度 100 K 情况下测试的,而实验测试的太赫兹频段特征吸收峰是在室温条件下测试获得的。

为了探索研究晶胞参数的测试温度对数值模拟计算获得的振动模式的中心频率的影响,依据不同温度下晶胞体积会发生变化的常识,分别先将邻苯二酚的晶胞体积扩张 1%(520.45 Å³)和 2%(525.98 Å³),然后再数值模拟计算其太赫兹频段特征吸收谱。图 6-8(c)(d)分别是邻苯二酚的晶胞体积扩张 1%(520.45 Å³)和 2%(525.98 Å³)情况下数值模拟计算获得的特征吸收谱。可以看出,随着邻苯二酚晶胞体积的增大,数值模拟计算获得的特征吸收峰的中心频率逐渐向低频移动。当邻苯二酚的晶胞体积增大到 2%时,数值模拟计算获得的特征吸收峰的中心频率移动更大,充分证实了前面的推测。图 6-8(a)(b)存在"频移"的主要原因是应用于邻苯二酚太赫兹频段特征吸收谱数值模拟计算的晶胞衍射数据取自温度 100 K 的实验测试,而其太赫兹频段特征吸收谱实验测试是在室温条件下进行的。当然,物质的晶胞参数并不仅仅随环境温度而线性变化,因此这里进行的邻苯二酚晶胞体积变化对其太赫兹频段特征吸收谱中心频率影响的研究只是用来定性预测数值模拟计算的特征吸收峰中心频率在其晶胞随环境温度变化条件下可能产生的变化趋势。

表 6-5 列举了实验测试邻苯二酚以及三种晶胞参数情况下的数值模拟计算结果,并对图 6-8(b)数值模拟计算获得的振动模式进行了详细描述。

实　验	模　拟　计　算			
RT	晶胞(100 K)	描　　述	+1%[④]	+2%[④]
63.7	72.6 (1.99)[②]	绕晶胞 a 轴的平动	70.9 (6.00)	67.7 (2.11)
66.0[①]	73.3 (6.30)	绕晶胞 b 轴的转动	71.5 (3.19)	70.2 (5.88)
	81.2 (3.17)	绕晶胞 c 轴的转动	78.6 (1.58)	77.2 (3.11)
	91.7 (0.50)	绕晶胞 b 轴的转动	90.3 (0.32)	89.2 (0.31)
81.5	97.5 (0.99)	绕晶胞 c 轴的转动	94.0 (1.58)	89.3 (1.26)
	101.7 (0.04)	绕晶胞 a 轴的转动	99.4 (0.01)	98.5 (0.08)
	111.2 (0.04)	绕晶胞 a 轴的转动	109.9 (0.39)	107.0 (0.31)

表 6-5 邻苯二酚实验测试和理论计算获得的太赫兹吸收峰中心频率(单位: cm⁻¹)

实验	模拟计算			
RT	晶胞(100 K)	描 述	+1%①	+2%①
112.0	123.0 (0.04)	绕晶胞 b 轴的转动	117.4 (1.85)	114.3 (1.31)
	126.3 (0.41)	绕晶胞 a 轴的转动	123.4 (0.29)	120.1(0.34)
RMSD③	13.2		10.0	7.6

① 该吸收峰是以 63.7 cm⁻¹ 为中心、位于 66.0 cm⁻¹ 的一个肩峰；
② 括号里的数字是对应特征吸收峰的红外吸收强度(km/mol)；
③ 均方根偏差(RMSD)；
④ 晶胞的 X 衍射数据是在温度 100 K 得到的,这里分别对晶胞体积进行+1%和+2%扩充,并与室温获得的实验数据进行比较。

　　图 6-9 最上面标注"实验测试"的数据曲线是在室温条件下实验测试邻苯二酚的中红外频段特征吸收谱。与参考文献[14]实验测试得到的 25 个特征吸收峰相比,图 6-9 最上面标注"实验测试"的数据曲线在 400～2 000 cm⁻¹ 内获得了 27 个中红外频段特征吸收峰,而且中心频率位于 411 cm⁻¹ 和 627 cm⁻¹ 的 2 个特征吸收峰以前均尚未见诸文献报道。为了验证这 2 个中红外频段特征吸收峰存在的真实性,这里利用密度泛函理论对邻苯二酚的晶胞结构进行数值模拟计算,结果如图 6-9(a)所示。可以看出,中心频率位于 411 cm⁻¹ 特征吸收峰的存在获得了数值模拟计算结果的佐证,而中心频率位于 627 cm⁻¹ 特征吸收峰的存在并未获得数值模拟计算的佐证,这有可能是由于理论计算模型的欠缺,或者是

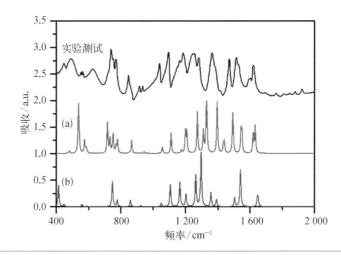

图 6-9
邻苯二酚实验
测试和理论计
算的中红外吸
收谱

实验样品的纯度等问题导致了这种情况,因而还需进一步研究验证其存在的真实性。

图 6-9(b)是运用密度泛函方法数值模拟计算获得的邻苯二酚单个分子的中红外频段振动模式。由于邻苯二酚分子的结构对称性为 C_s,因而其分子内存在的 36 个振动模式,分为 25 个面内振动模式和 11 个面外振动模式。在数值模拟计算的 $400 \sim 2\,000\ cm^{-1}$ 内,共获得了邻苯二酚分子的 26 个计算振动模式,包括 8 个面外振动模式和 18 个面内振动模式。

仔细比较图 6-9(a)(b)可以发现,基于邻苯二酚单分子数值模拟计算获得的中红外频段振动模式已经可以很好地描述实验测试获得的特征吸收峰,说明邻苯二酚在中红外频段的特征吸收峰主要来源于其分子内振动模式。由于中红外频段的特征吸收频谱较宽,因而晶胞温度对数值模拟计算特征吸收频谱的影响不好准确评价与分析。为了充分评价实验测试和数值模拟计算结果的接近程度,这里采用实验测试和数值模拟计算数据的均方根偏差(RMSD)进行比较,即 RMSD 值越小,说明实验测试结果与数值模拟计算结果越接近。

另外,这里基于 B3LYP 方法的数值模拟计算结果,采用势能分布(Potential Energy Distribution,PED)对数值模拟计算获得的振动模式进行了逐一描述,结果如表 6-6 所示。

实　验	计　　　算	
IR	B3LYP	分配(% PED)[②]
411	413 (73)[①]	$81\gamma(OH)$,$6\gamma(CO)$,$5\gamma(CO)$
447	447 (8)	$51\sigma(CO)$,$32\sigma(CC)$
455		
490	455 (0.04)	$51\gamma(CC)$,$42\gamma(CO)$
553	558 (9)	$51\sigma(CO)$,$32\sigma(CC)$,$12\nu(CC)$
563	568 (0.6)	$67\gamma(CC)$,$11\gamma(CO)$
	590 (3)	$77\sigma(CC)$
627		
	704 (0.1)	$59\gamma(CC)$,$31\gamma(CO)$

表 6-6 邻苯二酚实验测试和基于单分子计算获得的中红外吸收峰(单位: cm^{-1})

实　验		计　算
IR	B3LYP	分配(% PED)[②]
741	749 (87)	$95\gamma(CH)$
752		
770	779 (22)	$46\nu(CC), 28\nu(CO), 11\sigma(CC)$
849	841 (0.1)	$80\gamma(CH), 11\gamma(CH)$
	860 (22)	$62\sigma(CC), 26\nu(CO)$
916	925 (4)	$85\gamma(CH), 9\gamma(CC)$
935	968 (0.1)	$87\gamma(CH), 8\gamma(CH)$
1 040	1 049 (12)	$68\nu(CC), 24\sigma(CH)$
1 094	1 106 (76)	$25\nu(CC), 22\sigma(CC), 15\sigma(CH), 13\sigma(OH)$
1 163	1 164 (84)	$43\sigma(OH), 22\nu(CC), 14\sigma(CH)$
	1 177 (2)	$82\sigma(CH), 10\nu(CC)$
1 186	1 203 (43)	$31\sigma(OH), 22\sigma(CH), 17\nu(CC), 9\nu(CO), 5\sigma(CC)$
1 242		
1 255	1 263 (105)	$42\nu(CO), 18\sigma(CC), 10\sigma(OH)$
1 281	1 296 (183)	$37\nu(CC), 27\nu(CO), 18\sigma(CH)$
1 364	1 357 (49)	$33\sigma(CH), 27\nu(CC), 22\sigma(OH)$
1 416	1 390 (26)	$40\nu(CC), 24\sigma(OH), 13\sigma(CH)$
1 470	1 503 (32)	$40\sigma(CH), 33\nu(C0), 7\nu(OH)$
1 514	1 540 (127)	$40\sigma(CH), 31\nu(CC), 15\nu(CO)$
1 528		
1 602		
1 620	1 647 (29)	$62\nu(CC), 7\sigma(CH), 5\sigma(CC)$
	1 651 (23)	$71\nu(CC), 6\sigma(CC)$

① 括号内是红外吸收强度(km/mol)；
② ν 表示伸缩模式, σ 表示面内摆动模式, γ 表示面外振动模式。

依据表 6-6 列举的实验测试结果和单分子数值模拟结果可以发现,邻苯二酚在中红外频段的特征吸收峰的 RMSD 值为 $18\ \text{cm}^{-1}$。值得指出的是,这里列举的邻苯二酚单分子数值模拟计算并没有使用频率矫正因子。由参考文献[14]

可知,邻苯二酚在中红外频段特征吸收峰的实验测试值与数值模拟计算值之间的均方根偏差(RMSD)值可以从未使用频率矫正因子的119 cm⁻¹骤降至采用频率矫正因子时的19 cm⁻¹,如此巨大的差异主要是因为频率矫正因子将频率的非简谐振动因素考虑在振动模式的数值模拟计算过程中[15]。这里由于数值模拟计算结果与实验测试结果的匹配程度很好,所以没有在数值模拟计算过程中使用频率矫正因子。

由表6-6可知,基于数值模拟计算结果的PED值从74%到95%,而参考文献[14]是从69%到132%,可见这里进行的数值模拟计算更为精确。

表6-6列举了在400~2 000 cm⁻¹内实验测试的邻苯二酚中红外频段特征吸收峰与基于邻苯二酚单分子数值模拟计算获得的振动模式的匹配情况。其中,获得的分子内振动模式情况与参考文献[14]一致。根据表6-6的邻苯二酚中红外频段振动模式匹配情况可知:实验测试获得的中心频率分别位于411 cm⁻¹、490 cm⁻¹、563 cm⁻¹、741 cm⁻¹、849 cm⁻¹、916 cm⁻¹和935 cm⁻¹的特征吸收峰均来自邻苯二酚的分子面外摆动,而其余实验测试获得的特征吸收峰则主要源于面内扭动以及面内伸缩。具体地,在1 040~1 242 cm⁻¹内的特征吸收峰主要来源于面内摆动,而在1 255~1 620 cm⁻¹内的特征吸收峰主要源于苯环上C—C和C—H键的伸缩。值得注意的是,在1 255~1 620 cm⁻¹内获得的实验测试吸收峰的伸缩程度随着特征吸收峰中心频率的增大而增大。

然而,即使基于气态理论的邻苯二酚单分子数值模拟计算结果可以在400~2 000 cm⁻¹内很好地描述实验测试获得的中红外频段特征吸收峰,但实验测试结果和数值模拟计算结果仍然存在一定的差异。例如,实验测试获得的中心频率位于1 528 cm⁻¹和1 602 cm⁻¹的特征吸收峰并未在数值模拟计算结果中找到与之匹配的振动模式,有可能是分子间作用力对这些"肩峰"产生了直接贡献。

从上述数值模拟计算可以看出,密度泛函方法很适合针对物质的太赫兹频段特征吸收谱及中红外频段特征吸收谱进行解析。具体而言,基于固态密度泛函的数值模拟计算适合于物质太赫兹频段特征吸收谱的模拟仿真以及针对实验测试获得的太赫兹特征吸收峰进行振动模式归属分析,而基于气态理论的单分子数值模拟计算可对物质的中红外频段特征吸收谱进行振动模式匹配。通过研究可以发现，邻苯二酚的太赫兹频段特征吸收谱主要来自邻苯二酚的分子间非共价键相互作用，而分子内的共价键作用主要贡献于中红外频段的特征吸收谱。

6.6 烟酸、异烟酸和 2-吡啶甲酸物化特性简介

烟酸、异烟酸和 2-吡啶甲酸具有相同的分子式（$C_6H_5NO_2$），但它们分子中的原子排列方式不同，其中最大的差异是它们分子结构中的苯环连接羧基和氮原子的相对位置不同，如图 6-10 所示。

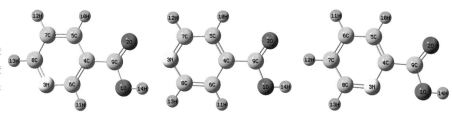

图 6-10 烟酸、异烟酸和 2-吡啶甲酸的分子结构示意（从左至右）

作为同分异构体，烟酸、异烟酸和 2-吡啶甲酸室温条件下均为白色或类白色粉末，但它们的实际应用完全不同。这三种同分异构物质的物化特性如表 6-7 所示。

表 6-7 烟酸、异烟酸和 2-吡啶甲酸的物化特性

性　　质	烟　　酸	异 烟 酸	2-吡啶甲酸
外观	白色结晶粉末	白色结晶粉末	白色结晶粉末
熔点	236℃	319℃	136℃
溶解性（溶剂水）	16 g/L	微溶	887 g/L
用途	维生素 B_3，参与人体新陈代谢	医药中间体，用于制造抗结核病药	稀土碱金属螯合物，用于制备皮考啉配体

烟酸（3-吡啶甲酸）亦称作维生素 B_3 或者维生素 PP，又名尼克酸、抗癞皮病因子，是人体必需的 13 种维生素之一，耐热，可以升华，易溶于沸水和沸乙醇，不

溶于丙二醇、氯仿和碱溶液以及醚与脂类溶剂。烟酸是人体必不可少的一种水溶性维生素,在人体内转化为烟酰胺,烟酰胺是辅酶Ⅰ和辅酶Ⅱ的组成部分,参与人体内脂质代谢、组织呼吸的氧化过程和糖类无氧分解过程等,人体缺乏烟酸可产生糙皮病,表现为皮炎、舌炎、口咽、腹泻、烦躁、失眠及感觉异常等症状。烟酸是少数存在于食物中相对稳定的维生素,即使经过烹调及储存亦不会大量流失而影响其效力,主要以辅酶的形式存在于食物中,经消化后通过胃和小肠吸收,吸收后以烟酸的形式经过门静脉进入肝脏,而过量的烟酸大部分经甲基化后从尿中排出。烟酸有较强的扩张周围血管作用,临床主要用于治疗偏头痛、耳鸣、内耳眩晕症等,作为医药中间体用于异烟肼、烟酰胺、尼可刹米及烟酸肌醇酯等的合成。

异烟酸(4-吡啶甲酸)是白色无味片状结晶,可以升华,微溶于冷水,热水中溶解度增加,几乎不溶于苯、乙醚、乙醇。异烟酸是一种重要的医药中间体,主要用于制备抗结核病药物异烟肼,也可用于合成酰胺、酰肼、酯类等衍生物。

2-吡啶甲酸是一种有机合成中间体,常用于制备皮考啉配体等。

关于烟酸太赫兹波谱的实验研究已有相关文献[16,17]报道,但目前还没有关于这三种同分异构体的太赫兹波谱实验测试和数值模拟计算方面系统的研究报道。鉴于这三种同分异构物质在医药、生活和工业上的重要应用,有必要对它们的太赫兹频段特征波谱进行系统的实验研究和数值模拟计算分析。

6.7 烟酸、异烟酸和2-吡啶甲酸太赫兹波谱测试对比

实验测试涉及的烟酸(CAS编号:59-67-6)、异烟酸(CAS编号:55-22-1)和2-吡啶甲酸(CAS编号:98-98-6)试剂(分析纯)均购于成都某化学试剂厂。为了充分研究这三种同分异构物质在实验测试频段可能存在的太赫兹频段特征吸收峰,每种物质均被制成两类样品:纯样品(测试吸收强度较弱的特征吸收峰)和混合掺杂样品(测试吸收强度较强的特征吸收峰)。进行纯样品制备时,首先利用电子天平称取一定质量的固体纯样品颗粒,并用玛瑙研钵和磨

杵将固体颗粒研磨成精细的粉末,然后用红外压片机(压力为 500 kg/cm²)将研磨细的纯样品粉末直接压制成直径 13 mm 且表面光滑的圆薄片。制作混合掺杂样品时,需要先利用电子天平称取一定质量的纯样品与高密度聚乙烯(HDPE),按一定比例混合均匀后再仔细研磨和压片。此外,还需要制备与混合掺杂样品厚度相同的纯 HDPE 薄片作为相应混合样品进行太赫兹波谱测试时的参考样品。

所有样品的太赫兹频段特征波谱均是利用前面提到的太赫兹波时域光谱系统进行实验测试的。测试过程中,太赫兹波产生、传输与测试系统被放置在充满干燥空气(相对湿度<1%)的密闭箱中,系统进行太赫兹特征波谱测试的频率分辨率为 0.007 5 THz(0.25 cm⁻¹),波谱测试 0.1~4.0 THz,波谱测试频率为 30 次/秒,每个样品重复进行 5 次波谱测试,然后取平均值作为其太赫兹频段特征吸收谱。

烟酸、异烟酸和 2-吡啶甲酸在 0.1~4.0 THz 频段的特征吸收谱分别如图 6-11、图 6-12 和图 6-13 所示。在图 6-11 中,由于纯烟酸样品 A1 和 B1 对太赫兹波的吸收太强,因而实验测试获得的太赫兹频段特征吸收谱的信噪比较差,很难辨别出特征吸收峰。而混合掺杂样品 C1 和 D1(这两种样品与 HDPE 分散剂混合的质量比均为 1∶2)获得了较好的特征吸收谱,并可清楚地识别出中心频率分别位于 2.27 THz、2.46 THz 和 3.41 THz 的 3 个特征吸收峰。

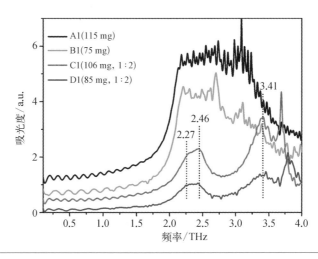

图 6-11
四种不同烟酸
样品在 0.1~
4.0 THz 频段的
特征吸收谱

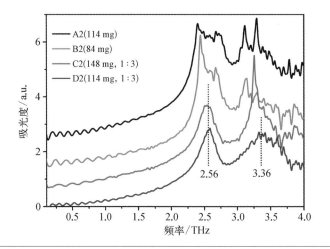

图 6 - 12
四种不同异烟
酸样品在 0.1～
4.0 THz 频段的
特征吸收谱

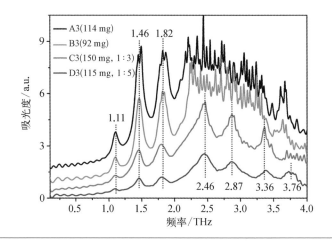

图 6 - 13
四种不同 2 - 吡
啶甲酸样品在
0.1～4.0 THz
频段的特征吸
收谱

图 6 - 12 显示了四种不同异烟酸样品的太赫兹频段特征吸收谱。与纯烟酸样品类似,纯异烟酸样品 A2 和 B2 对太赫兹波的吸收也很强,因而实验测试纯异烟酸样品获得的太赫兹频段特征吸收谱的信噪比也较差,很难从它们的太赫兹频段吸收谱中辨识出明显的特征吸收峰。而在混合掺杂样品 C2 和 D2(与HDPE 分散剂的混合质量比均为 1:3)的特征吸收谱中,可以明显辨识出 2 个中心频率分别位于 2.56 THz 和 3.36 THz 的特征吸收峰。

如图 6 - 13 所示,与纯烟酸和纯异烟酸样品不同,纯的 2 - 吡啶甲酸样品 A3和 B3 在 2.0 THz 以下呈现 3 个明显的特征吸收峰,其中心频率分别位于

1.11 THz、1.46 THz 和 1.82 THz。而在混合掺杂样品 C3 和 D3（与 HDPE 混合的质量比分别为 1∶3 和 1∶5）的特征吸收谱中，可以明显辨识出另外 4 个中心频率分别位于 2.46 THz、2.87 THz、3.36 THz 和 3.76 THz 的特征吸收峰。显而易见，与前两种同分异构体相比，实验测试 2-吡啶甲酸获得的太赫兹频段特征吸收峰最多。

表 6-8 列举比较了烟酸、异烟酸和 2-吡啶甲酸在 0.1～4.0 THz 频段的特征吸收峰。可以看出，这三种同分异构体的特征吸收峰存在明显差异，其中异烟酸的特征吸收峰最少，而 2-吡啶甲酸的特征吸收峰最多；此外，烟酸和异烟酸在 2.0 THz 以下没有观测到明显的特征吸收峰，而 2-吡啶甲酸在 2.0 THz 以下有 3 个特征吸收峰。由此可见，通过比较这三种同分异构物质的太赫兹频段特征吸收峰可以实现这三种同分异构物质的有效辨识。

表 6-8
烟酸、异烟酸
和 2-吡啶甲酸
在 0.1～4.0 THz
频段的特征吸
收峰（单位：
THz）

烟　酸	异　烟　酸	2-吡啶甲酸
—	—	1.11
—	—	1.46
2.27	—	1.82
2.46	2.56	2.46
—	—	2.87
3.41	3.36	3.36
—	—	3.76

这三种同分异构物质的太赫兹频段特征吸收差异与它们的晶体结构差异密切相关。表 6-9 列举了烟酸[18]、异烟酸[19] 和 2-吡啶甲酸[20] 的晶胞参数，包括晶胞常数（a、b、c）、角度（α、β、γ）、晶胞中分子数（Z）和空间群对称性等。

表 6-9
烟酸、异烟酸
和 2-吡啶甲酸
的晶胞参数

晶胞参数	烟　酸	异　烟　酸	2-吡啶甲酸
$a/\text{Å}$	7.186	7.231	21.262
$b/\text{Å}$	11.688	7.469	3.837
$c/\text{Å}$	7.231	6.392	13.972
$\alpha/(°)$	90.00	114.88	90.00
$\beta/(°)$	113.55	106.19	108.02

晶胞参数	烟 酸	异 烟 酸	2-吡啶甲酸
$\gamma/(°)$	90.00	103.66	90.00
Z	4	2	8
空间群	P21/c	P1	C2/c

  具体地,烟酸晶胞[18]属于单斜晶系,具有空间群对称性 P21/c,包含 4 个烟酸分子;异烟酸晶胞[19]属于三斜晶系,具有空间群对称性 P1,含有 2 个异烟酸分子;2-吡啶甲酸晶胞[20]属于单斜晶系,具有空间群对称性 C2/c,含有 8 个 2-吡啶甲酸分子。根据群论可知,烟酸的晶胞共有 165 个振动模式(41Au+40Bu+42Bg+42Ag),其中 81 个振动模式(41Au+40Bu)具有红外活性;异烟酸晶胞含有 81 个振动模式(39Au+42Ag),其中 39 个振动模式(39Au)具有红外活性;2-吡啶甲酸晶胞内共有 333 个振动模式(83Au+82Bu+84Bg+84Ag),其中包括 165 个红外活性模式(83Au+82Bu)。综上所述,不难理解 2-吡啶甲酸在实验测试范围内拥有最多的特征吸收峰。

6.8　烟酸、异烟酸和 2-吡啶甲酸太赫兹频段振动模式计算与分析

6.8.1　晶体结构理论模拟方法

  为了解析烟酸、异烟酸和 2-吡啶甲酸的太赫兹频段特征吸收峰来源,需要基于它们的晶胞结构进行数值模拟计算,采用的是广义梯度近似平面波密度泛函理论(Plane-wave DFT)方法。具体地,采用 PW91 和 PBE 交换相关泛函计算电子交换相关能,利用 Tkatchenko-Scheffler(TS)方法[21]进行色散修正,利用常规保守 Kleinman-Bylander 赝势基组[22]计算电子与离子间的相互作用。相关的数值模拟计算参数如下:布里渊区积分采用 Monkhorst-Pack 方法[23],其中 K-point 间隔为 0.05 $Å^{-1}$;平面波截断能为 1 200 eV;总能量和原子上的最大力分别收敛至 10^{-8} eV/atom 和 10^{-4} eV/Å。完成晶体结构优化后,通过质量加权海森矩阵(Hessian Matrix)的数值计算获得 Γ 点的振动模式频率[24],即

$$F_{i,j} = \frac{\boldsymbol{H}_{i,j}}{\sqrt{m_i m_j}} \qquad (6-1)$$

式中，$i > 1$；$j < 3N$，N 表示体系的原子数目；m_i 是体系中第 i 个原子的质量；m_j 是体系中第 j 个原子的质量；$\boldsymbol{H}$ 表示海森矩阵。振动模式即质量加权海森矩阵（$3N \times 3N$ 矩阵）的本征值 F，振动频率为本征值 F 的平方根，振动模式强度可通过式（6-2）和式（6-3）[25]计算得到

$$A_{i,j} = \frac{\delta^2 E}{\delta q_i \delta q_j} \qquad (6-2)$$

$$I_i = \left(\sum_{j,k} F'_{i,j} A_{j,k} \right)^2 \qquad (6-3)$$

式中，E 代表体系的能量；q_i 代表第 i 个原子的笛卡尔坐标；q_j 代表第 j 个原子的笛卡尔坐标；A 和 F' 分别表示有效电荷和正则模式的本征值。

需要指出的是，这三种同分异构体的结构优化和振动模式计算都是在晶胞参数不变的情况下完成的，它们的初始结构可从参考文献[18-20]得到。

6.8.2　烟酸、异烟酸和 2-吡啶甲酸分子结构分析

表 6-10 是实验测试和数值模拟计算获得的烟酸分子的几何结构参数（键长和键角）。具体地，基于两种不同密度泛函方法（PW91 和 PBE 交换相关泛函）计算键长的均方根偏差（RMSD）值分别为 0.011 Å 和 0.022 Å，说明采用这两种密度泛函方法均可以很好地再现烟酸分子的键长；而 PW91 和 PBE 泛函计算键角的均方根偏差（RMSD）值分别为 0.107° 和 0.337°，说明 PW91 泛函比 PBE 泛函能够更好地再现烟酸的分子结构。

表 6-10 烟酸分子实验测试和理论计算几何结构参数（键长和键角）

化　学　键	实验测试键长/Å	理论计算键长/Å	
		PW91 泛函	PBE 泛函
$O_1 — H_{14}$	0.847	0.926	1.044
$O_1 — C_9$	1.307	1.295	1.226
$O_2 — C_9$	1.211	1.175	1.136
$N_3 — C_6$	1.347	1.330	1.332

化 学 键	实验测试键长/Å	理论计算键长/Å	
		PW91 泛函	PBE 泛函
C_4—C_5	1.405	1.392	1.378
C_5—C_7	1.383	1.376	1.370
C_6—C_4	1.398	1.380	1.376
C_7—C_8	1.392	1.387	1.369
C_8—N_3	1.343	1.334	1.332
C_9—C_4	1.490	1.392	1.495
H_{10}—C_5	0.990	1.010	1.080
H_{11}—C_6	0.939	0.994	1.081
H_{12}—C_7	1.071	1.059	1.078
H_{13}—C_8	0.980	0.996	1.079
RMSD	—	0.011	0.022

化 学 键	实验测试键角/(°)	理论计算键角/(°)	
		PW91 泛函	PBE 泛函
O_1—C_9—O_2	122.8	123.2	125.1
O_1—C_9—C_4	115.2	114.7	114.1
O_2—C_9—C_4	121.7	121.4	120.9
N_3—C_6—H_{11}	116.1	116.0	116.1
C_4—C_5—C_7	118.8	119.1	119.7
C_5—C_4—C_9	118.7	118.6	118.5
C_6—C_4—C_9	122.3	122.5	123.2
C_7—C_8—N_3	123.0	122.7	122.3
C_8—N_3—C_6	118.9	118.5	118.9
C_9—O_1—H_{14}	122.8	122.3	122.5
H_{10}—C_5—C_4	118.6	119.0	119.3
H_{11}—C_6—C_4	122.2	121.5	121.7
H_{12}—C_7—C_8	122.3	122.0	119.6
H_{13}—C_8—C_7	118.3	118.9	120.5
RMSD	—	0.107	0.337

表 6-11 是利用 PW91 和 PBE 泛函数值模拟计算的异烟酸分子几何结构参数与实验测试值。可以看出,异烟酸分子键长的 RMSD 值分别为 0.018 Å 和 0.020 Å,键角的 RMSD 值分别为 0.431°和 0.453°。可见,利用这两种泛函方法都能够很好地再现异烟酸分子的键长和键角,而且基于 PW91 泛函的数值计算结果与实验测试值更接近。

表 6-11 异烟酸分子实验测试和理论计算几何结构参数(键长和键角)

化 学 键	实验测试键长/Å	理论计算键长/Å	
		PW91 泛函	PBE 泛函
O_1—H_{14}	1.071	1.041	1.044
O_1—C_9	1.294	1.228	1.226
O_2—C_9	1.215	1.134	1.137
N_3—C_8	1.334	1.333	1.333
C_4—C_5	1.381	1.376	1.375
C_5—C_7	1.386	1.371	1.373
C_6—C_4	1.389	1.377	1.381
C_7—N_3	1.339	1.332	1.330
C_8—C_6	1.382	1.372	1.370
C_9—C_4	1.506	1.504	1.502
H_{10}—C_5	1.004	1.079	1.078
H_{11}—C_6	0.929	1.077	1.092
H_{12}—C_7	0.947	1.081	1.092
H_{13}—C_8	0.996	1.081	1.094
RMSD	—	0.018	0.020
化 学 键	实验测试键角/(°)	理论计算键角/(°)	
		PW91 泛函	PBE 泛函
O_1—C_9—O_2	125.1	125.4	125.0
O_1—C_9—C_4	113.7	113.4	114.2
O_2—C_9—C_4	121.2	121.2	120.8
N_3—C_7—C_5	122.2	122.5	122.3
C_4—C_5—C_7	119.0	119.3	120.0
C_5—C_4—C_6	118.7	118.1	117.5

化 学 键	实验测试键角/(°)	理论计算键角/(°)	
		PW91 泛函	PBE 泛函
C_6—C_8—N_3	122.3	122.1	122.8
C_7—N_3—C_8	118.9	118.4	118.0
C_8—C_6—C_4	118.9	119.5	119.4
C_9—C_4—C_5	120.3	119.1	118.0
H_{10}—C_5—C_4	125.7	120.3	120.7
H_{11}—C_6—C_4	123.3	122.3	121.7
H_{12}—C_7—C_5	121.1	121.5	120.8
H_{13}—C_8—C_6	119.3	121.0	120.4
H_{14}—O_1—C_9	114.1	113.5	112.7
RMSD	—	0.431	0.453

与烟酸和异烟酸相比,2-吡啶甲酸晶胞含有的分子数目最多,因而其数值模拟计算需求更高,超越了我们现有的计算能力,因此目前暂时无法完成其晶胞结构的优化。为了实现2-吡啶甲酸晶胞结构的优化,这里直接采用其原胞(由晶胞转换得到,含有4个分子)作为初始结构进行优化。而且,依据烟酸和异烟酸两种物质的数值模拟计算情况可知,采用PW91泛函进行数值模拟计算获得的几何结构与实验测试情况更相符,因此这里仅讨论采用PW91泛函的数值模拟计算结果。由表6-12可见,采用PW91泛函数值模拟计算获得的键长和键角的RMSD值分别为0.020 Å和0.312°,说明采用PW91泛函能够很好地再现2-吡啶甲酸的分子结构。

化 学 键	实验测试键长/Å	理论计算键长/Å（PW91 泛函）
O_1—H_{14}	0.803	0.902
O_1—C_9	1.278	1.203
O_2—C_9	1.214	1.155
N_3—C_4	1.347	1.276
C_4—C_5	1.373	1.421

表6-12
2-吡啶甲酸分子实验测试和理论计算几何结构参数（键长和键角）

化 学 键	实验测试键长/Å	理论计算键长/Å（PW91 泛函）
$C_5—C_6$	1.380	1.407
$C_6—C_7$	1.372	1.391
$C_7—C_8$	1.376	1.394
$C_8—N_3$	1.338	1.349
$C_9—C_4$	1.512	1.484
$H_{10}—C_5$	0.961	1.075
$H_{11}—C_6$	0.960	1.076
$H_{12}—C_7$	0.962	1.071
$H_{13}—C_8$	0.959	1.081
RMSD	—	0.020
化 学 键	实验测试键角/(°)	理论计算键角/(°)（PW91 泛函）
$O_1—C_9—O_2$	126.8	125.4
$O_1—C_9—C_4$	114.5	113.6
$O_2—C_9—C_4$	118.7	120.9
$N_3—C_4—C_9$	119.1	117.9
$C_4—C_5—C_6$	119.9	118.2
$C_5—C_6—C_7$	119.3	119.9
$C_6—C_7—C_8$	118.7	119.7
$C_7—C_8—N_3$	121.8	120.8
$C_9—C_4—C_5$	120.5	121.0
$H_{10}—C_5—C_4$	120.1	119.0
$H_{11}—C_6—C_5$	120.3	120.6
$H_{12}—C_7—C_6$	120.7	119.8
$H_{13}—C_8—C_7$	119.1	120.3
$H_{14}—O_1—C_9$	114.7	113.7
RMSD	—	0.312

综上所述，采用 PW91 泛函进行数值模拟计算可以很好地再现烟酸、异烟酸和 2-吡啶甲酸这三种同分异构体的分子结构，而且比较 PW91 泛函和 PBE 泛函的数值模拟计算结果表明，采用 PW91 泛函进行烟酸和异烟酸分子结构的数

值模拟计算结果更接近实验测试值。

6.8.3 烟酸、异烟酸和 2-吡啶甲酸太赫兹波谱理论分析

图 6-14 比较了烟酸在 0.1~4.0 THz 频段的实验测试吸收谱和数值模拟计算获得的振动模式谱。可以看出,采用 PW91 泛函数值模拟计算得到的太赫兹频段特征吸收谱相比于采用 PBE 泛函数值模拟计算得到的太赫兹频段特征吸收谱而言,更接近于实验测试结果,这很可能是因为前者通过数值模拟计算得到的分子结构参数相比于后者更接近实验测试结果(见 6.8.2 节)。因此,这里仅讨论采用 PW91 泛函的数值模拟计算结果。

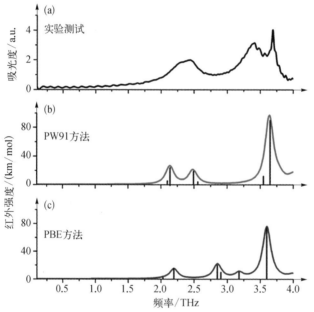

(a) 利用 THz-TDS 系统实验测试获得的特征吸收谱;(b,c) 利用 PW91 泛函和 PBE 泛函数值模拟计算获得的振动光谱

图 6-14
烟酸在 0.1~
4.0 THz 频段的
实验测试吸收
谱和数值模拟
计算振动光谱

表 6-13 对实验测试烟酸得到的太赫兹频段特征吸收峰与采用 PW91 泛函和 PBE 泛函数值模拟计算获得的振动模式进行了匹配。其中,中心频率位于 2.27 THz 的实验测试特征吸收峰主要来自数值模拟计算获得的中心频率分别位于 2.10 THz 和 2.16 THz 的振动模式,而且数值计算表明这 2 个振动模式均源于分子集体转动;中心频率位于 2.46 THz 的实验测试特征吸收峰主要来自数

值模拟计算获得的中心频率分别位于 2.50 THz 和 2.56 THz 的振动模式贡献；此外，中心频率位于 3.41 THz 的实验测试特征吸收峰很可能是由数值模拟计算获得的中心频率分别位于 3.55 THz 和 3.67 THz 的振动模式产生。依据表 6-13 列举的数值模拟计算振动模式的起源可知，实验测试烟酸获得的特征吸收峰主要源自其分子间相互作用（分子集体平动和转动）。

表 6-13
烟酸实验测试
吸收峰和理论
计算振动模式

实验测试吸收峰/THz	理论计算振动模式/THz		
	PW91 泛函	PBE 泛函	振动模式描述
2.27	2.10 (5.56)[①]	2.03 (0.67)[①]	分子绕晶胞 c 轴转动
	2.16 (24.98)	2.20 (14.48)	分子绕晶胞 b 轴转动
2.46	2.50 (18.99)	2.85 (20.15)	分子绕晶胞 a 轴转动
	2.56 (3.85)	2.90 (0.74)	分子沿晶胞 c 轴平动
3.41	3.55 (12.01)	3.18 (7.62)	分子绕晶胞 b 轴转动
	3.67 (89.98)	3.60 (76.10)	分子沿晶胞 a 轴平动

① 括号内的数值表示红外吸收强度（km/mol）。

图 6-15 比较了异烟酸在 0.1～4.0 THz 频段的实验测试吸收谱和数值模拟计算获得的振动模式谱。与烟酸的数值模拟计算情况类似，采用 PW91 泛函也

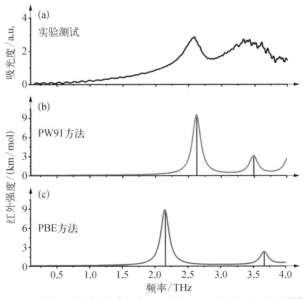

图 6-15
异烟酸在 0.1～
4.0 THz 频段的
实验测试吸收
谱和理论计算
振动光谱

(a)采用 THz-TDS 技术实验测试得到的光谱；(b,c)利用 PW91 泛函和 PBE 泛函计算的振动模式

比采用 PBE 泛函能够更好地再现异烟酸的太赫兹特征吸收谱,如图 6 - 15 所示,而且采用 PW91 泛函计算得到的异烟酸分子结构也比采用 PBE 泛函计算得到的结果更接近实验测试值,因此这里同样只对比分析采用 PW91 泛函进行数值模拟计算的结果和实验测试结果。表 6 - 14 对实验测试异烟酸获得的 2 个特征吸收峰进行了匹配。具体地,中心频率位于 2.56 THz 和 3.36 THz 的实验测试特征吸收峰分别来自数值模拟计算获得的振动模式 2.63 THz 和 3.49 THz 的贡献,而且这 2 个振动模式分别源自异烟酸分子沿晶胞 b 轴和 a 轴的集体转动,因此实验测试获得的异烟酸特征吸收峰主要源自光学声子。

表 6 - 14 异烟酸实验测试吸收峰和理论计算振动模式

实验测试吸收峰/THz	理论计算振动模式/THz		
	PW91 泛函	PBE 泛函	振动模式描述
2.56	2.63(9.43)[①]	2.15(8.81)[①]	分子绕晶胞 b 轴转动
3.36	3.49(2.84)	3.66(2.00)	分子绕晶胞 a 轴转动

① 括号内的数值表示红外强度(km/mol)。

对于 2-吡啶甲酸而言,由于其晶胞内含有 8 个分子、112 个原子,计算需求超过了当前可以达到的计算能力。为了尽可能实现 2-吡啶甲酸的光谱计算,这里采用由晶胞转换得到的原胞(2-吡啶甲酸的原胞内含有 4 个分子,对称性与晶胞相同)作为数值模拟计算的初始结构进行结构优化和特征吸收谱计算。

图 6 - 16 比较了采用 PW91 泛函数值模拟计算的 2-吡啶甲酸太赫兹频段特征吸收谱和实验测试得到的特征吸收谱。显然,实验测试 2-吡啶甲酸获得了 7 个明显的特征吸收峰,而数值模拟计算只再现了 3 个特征吸收峰。根据 6.7 节分析可知,2-吡啶甲酸晶胞含有 165 个红外活性光学模式(83Au+82Bu),而原胞只含有 81 个红外活性模式(41Au+40Bu),因此基于原胞的数值模拟计算无法再现 2-吡啶甲酸晶胞内所有的振动模式,这也是采用原胞进行数值模拟计算获得的振动模式数目少于实验观测的特征吸收峰数目的主要原因。不过,采用原胞进行数值模拟计算获得的 3 个振动模式很好地再现了 3 个实验测试获得的特征吸收峰,如表 6 - 15 所示。

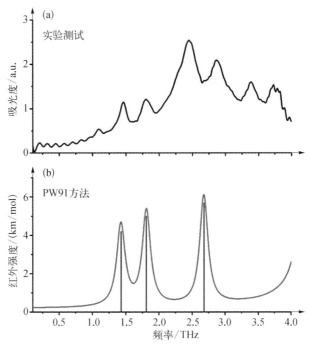

图 6-16
2-吡啶甲酸在
0.1～4.0 THz
频段的实验测
试吸收谱和理
论计算振动
光谱

(a) 利用 THz-TDS 系统实验测试的吸收谱；(b) 利用 PW91 泛函计算得到的振动光谱

表 6-15
2-吡啶甲酸实
验测试吸收峰
和理论计算振
动模式

实验测试 吸收峰/THz	PW91 泛函计算振动模式		
	振动模式 频率/THz	振动模式红外 强度/(km/mol)	振动模式描述
1.46	1.43	3.47	分子沿晶胞 c 轴平动
1.82	1.81	4.99	分子绕晶胞 b 轴转动
2.46	2.68	5.74	分子绕晶胞 a 轴转动

　　具体地，中心频率位于 1.46 THz 的实验测试特征吸收峰由数值模拟计算获得的中心频率位于 1.43 THz 振动模式产生，即源自分子沿晶胞 c 轴集体平动；而中心频率位于 1.82 THz 和 2.46 THz 的实验测试特征吸收峰分别来自数值模拟计算获得的 1.81 THz 和 2.68 THz 的振动模式，均源自分子集体转动。

　　综上所述，采用 PW91 泛函数值模拟计算烟酸和异烟酸分子结构以及太赫兹频段特征吸收谱比采用 PBE 泛函更接近实验测试结果，而且可以很好地再现烟酸和异烟酸两种同分异构体在 0.1～4.0 THz 频段所有的特征吸收峰，揭示了它们的特征吸收峰主要来自分子的集体平动和转动,即源自分子间相互作用。此外,采用 PW91 泛函和 2-吡啶甲酸的原胞亦再现了 2-吡啶甲酸的中心频率分别位于 1.46 THz、1.82 THz 和 2.46 THz 的 3 个实验测试特征吸收峰,并解析了这些特征吸收峰的来源(均由分子间振动产生)。

参考文献

[1] Song M J, Yang F, Liu L P, et al. Chemical identification of non-esterified catechins by terahertz time domain spectroscopy[J]. Journal of Nanoscience and Nanotechnology, 2016, 16(12): 12208 - 12213.

[2] Zheng Z P, Fan W H, Yan H, et al. Study on THz spectra and vibrational modes of benzoic acid and sodium benzoate[J]. Spectroscopy and Spectral Analysis, 2013, 33(3): 582 - 585.

[3] Ruggiero M T, Gooch J, Zubieta J, et al. Evaluation of range-corrected density functionals for the simulation of pyridinium-containing molecular crystals[J]. The Journal of Physical Chemistry A, 2016, 120(6): 939 - 947.

[4] Yomogida Y, Sato Y, Yamakawa K, et al. Comparative dielectric study of pentanol isomers with terahertz time-domain spectroscopy [J]. Journal of Molecular Structure, 2010, 970(1 - 3): 171 - 176.

[5] King M D, Buchanan W D, Korter T M. Identification and quantification of polymorphism in the pharmaceutical compound diclofenac acid by terahertz spectroscopy and solid-state density functional theory[J]. Analytical Chemistry, 2011, 83(10): 3786 - 3792.

[6] Liu J W, Shen J L, Zhang B. Identification of six isomers of dimethylbenzoic acid by using terahertz time-domain spectroscopy technique[J]. Spectroscopy and Spectral Analysis, 2015, 35(11): 3041 - 3045.

[7] Oppenheim K C, Korter T M, Melinger J S, et al. Solid-state density functional theory investigation of the terahertz spectra of the structural isomers 1, 2-dicyanobenzene and 1, 3-dicyanobenzene[J]. The Journal of Physical Chemistry A, 2010, 114(47): 12513 - 12521.

[8] Zheng Z P, Fan W H, Yan H. Terahertz absorption spectra of benzene-1, 2-diol, benzene-1, 3-diol and benzene-1, 4-diol[J]. Chemical Physics Letters, 2012, 525 - 526: 140 - 143.

[9] Dash J, Ray S, Nallappan K, et al. Terahertz spectroscopy and solid-state density functional theory calculations of cyanobenzaldehyde isomers[J]. The Journal of

Physical Chemistry A，2015，119(29)：7991－7999.

[10] Becke A D. Density-functional thermochemistry. III. The role of exact exchange[J]. The Journal of Chemical Physics，1993，98(7)：5648－5653.

[11] Perdew J P，Burke K，Ernzerhof M. Generalized gradient approximation made simple[J]. Physical Review Letters，1996，77(18)：3865－3868.

[12] Wunderlich H，Mootz D. Die Kristallstruktur von Brenzcatechin：eine Neubestimmung[J]. Acta Crystallographica Section B，1971，27(8)：1684－1686.

[13] Bacon G E，Jude R J. Neutron-diffraction studies of salicylic acid and α resorcinol [J]. Zeitschrift für Kristallographie，1973，138(1－4)：19－40.

[14] Ramírez F J，López Navarrete J T. Normal coordinate and rotational barrier calculations on 1，2-dihydroxybenzene[J]. Vibrational Spectroscopy，1993，4(3)：321－334.

[15] Andersson M P，Uvdal P. New scale factors for harmonic vibrational frequencies using the B3LYP density functional method with the triple-zeta basis set 6－311＋G(d，p)[J]. The Journal of Physical Chemistry A，2005，109(12)：2937－2941.

[16] Yan Z G，Hou D B，Cao B H，et al. Terahertz spectroscopic investigation of riboflavin and nicotinic acid[J]. Journal of Infrared and Millimeter Waves，2008，27(5)：326－329.

[17] Yu B，Huang Z，Wang X Y，et al. Study on THz spectra of nicotinic acid，nicotinamide and nicotine[J]. Spectroscopy and Spectral Analysis，2009，29(9)：2334－2337.

[18] Kutoglu A，Scheringer C. Nicotinic acid，$C_6H_5NO_2$：refinement[J]. Acta Crystallographica Section C，1983，39(2)：232－234.

[19] Takusagawa F，Shimada A. Isonicotinic acid[J]. Acta Crystallographica Section B，1976，32(6)：1925－1927.

[20] Hamazaki H，Hosomi H，Takeda S，et al. 2-Pyridinecarboxylic Acid[J]. Acta Crystallographica Section C，1998，54(10)：IUC9800049.

[21] Tkatchenko A，Scheffler M. Accurate molecular Van Der Waals interactions from ground-state electron density and free-atom reference data[J]. Physical Review Letters，2009，102(7)：073005.

[22] Kleinman L，Bylander D M. Efficacious form for model pseudopotentials[J]. Physical Review Letters，1982，48(20)：1425－1428.

[23] Evarestov R A，Smirnov V P. Modification of the Monkhorst－Pack special points meshes in the Brillouin zone for density functional theory and Hartree－Fock calculations[J]. Physical Review B，2004，70(23)：233101.

[24] Segall M D，Lindan P J D，Probert M J，et al. First-principles simulation：ideas，illustrations and the CASTEP code[J]. Journal of Physics：Condensed Matter，2002，14(11)：2717－2744.

[25] Clark S J，Segall M D，Pickard C J，et al. First principles methods using CASTEP [J]. Zeitschrift für Kristallographie，2005，220(5－6)：567－570.

7

苯甲酸、水杨酸及其分子
结构相似物质的太赫兹
波谱研究

7.1 苯甲酸和苯甲酸钠及其结构特点

苯甲酸分子晶体属于单斜晶系,P2$_1$/c 空间群,$a=5.510$ Å,$b=5.517$ Å,$c=21.973$ Å,$\alpha=\gamma=90°,\beta=97.41°$,$Z=4$[1,2]。与许多羧酸一样,苯甲酸分子间形成中心对称的二聚体,如图 7-1 所示,两个羧基间形成一对 O—H···O 氢键[2]。固态或液态的苯甲酸,一般都以这种环状二聚体形式存在,而且这种环状二聚体几乎是平面结构,C—COOH 键的扭转角度大约只有 1.5°[1,2]。鉴于苯甲酸的环状二聚体结构非常有趣,因而经常被作为研究双氢键的典型案例[3,4]。

图 7-1
苯甲酸二聚体
的分子结构示
意(虚线表示
氢键,所有原
子已标号)

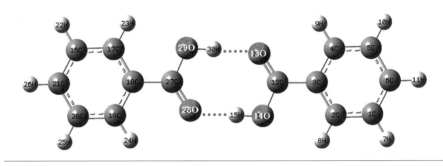

苯甲酸钠(分子式为 C$_6$H$_5$CO$_2$Na)是苯甲酸的钠盐,白色粉末,带有苯甲酸气味,属于离子型化合物。由于都是白色粉末,因此仅从外观上很难区分苯甲酸和苯甲酸钠。而且,这两种物质的化学性质也非常相似,由于它们具有抑制真菌、细菌和霉菌的性质,因而都是常用的食品防腐剂,具有防止食品变质发酸、延长食品保质期的效果,多年来在世界各国均被广泛使用。然而,近些年来,食品安全问题已引起人们越来越多的重视,顾虑到苯甲酸钠防腐剂可以与维生素 C 反应生成致癌性的苯,日本等国家已经停止生产苯甲酸钠,并对其使用做出了限制。

随着近年发展起来的太赫兹波时域波谱技术在炸药和药品辨识以及可燃性气体检测等方面已显示出越来越重要的应用价值,利用物质的太赫兹频段特征吸收谱不仅可以无损检测方式区分不同种类物质,而且可以有效辨识同分异构体[5]。因此,采用太赫兹波时域光谱技术辨识苯甲酸和苯甲酸钠具有非常重要的现实意义。

7.2 苯甲酸和苯甲酸钠太赫兹波谱研究现状

目前,针对固相苯甲酸的太赫兹波谱研究已有大量文献报道,包括实验波谱测量[6-9]和数值计算模拟[9-11]。这里实验测量了固相苯甲酸和苯甲酸钠在 8～115 cm⁻¹ 频段内的特征吸收谱,分析研究了实验测试固相苯甲酸获得的太赫兹频段特征吸收峰的归属,数值计算模拟了苯甲酸钠单分子结构及其在 8～120 cm⁻¹ 频段内的振动模式。研究结果表明,固相苯甲酸和苯甲酸钠的太赫兹频段特征吸收峰存在明显差异,完全可以实现对这两种物质的有效辨识。

7.3 苯甲酸和苯甲酸钠固相太赫兹波谱

7.3.1 样品制备及理论分析方法

固相苯甲酸和苯甲酸钠实验测试样品(分析纯)购于天津某公司,测试之前未经过进一步纯化处理。苯甲酸样品由 150 mg 苯甲酸粉末直接压制而成,厚度为 0.90 mm,直径为 13 mm;苯甲酸钠样品由 30 mg 苯甲酸钠掺杂 180 mg 聚四氟乙烯压制而成,厚度为 1.3 mm,直径为 13 mm。压制两种样品的压力均为 600 kg/cm²。

实验测试应用的 THz - TDS 系统基本情况如下:采用 FemtoLaser Scientific 型钛宝石激光振荡器产生超短激光脉冲(脉宽为 20 fs,重复频率为 76 MHz),利用光电导天线技术产生超短太赫兹脉冲,采用自由空间电光采样方法进行超短太赫兹脉冲探测。THz - TDS 系统的频谱测量在 0.06～4.2 THz,频率分辨率 0.007 5 THz(0.25 cm⁻¹)。实验测试在室温(22℃)条件下进行,测试时 THz - TDS 系统的主要光路被放置在充有干燥空气的密闭箱体内以减少空气中水分对太赫兹波的吸收和实验测试结果的干扰。

数值模拟计算采用原子轨道线性组合(LCAO)的从头算计算方法,对单个苯甲酸钠分子进行结构优化和振动模式分析。由于没有查询到苯甲酸钠的 X 射线衍射实验测试分子结构数据,所以这里采用 B3LYP、HF 和 MP2 等方法进行数值模拟计算,使用的基组为 6 - 311+G(d, p),数值模拟计算结果没有使用标度因子修正。

7.3.2 固相苯甲酸和苯甲酸钠太赫兹特征吸收谱分析

图 7-2 是实验测试固相苯甲酸得到的太赫兹频段特征吸收谱。可以看出，固相苯甲酸在 $10\sim130\ \mathrm{cm}^{-1}$ 频段内呈现中心频率分别位于 $21\ \mathrm{cm}^{-1}$、$29\ \mathrm{cm}^{-1}$、$36\ \mathrm{cm}^{-1}$、$62\ \mathrm{cm}^{-1}$、$79\ \mathrm{cm}^{-1}$、$107\ \mathrm{cm}^{-1}$ 和 $125\ \mathrm{cm}^{-1}$ 的 7 个特征吸收峰，其中 3 个吸

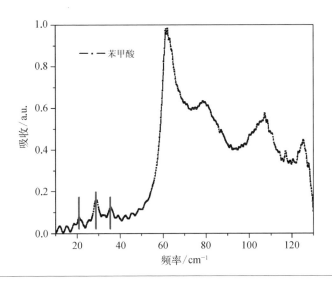

图 7-2
固相苯甲酸的
太赫兹频段特
征吸收谱

收强度较弱的特征吸收峰位于 $10\sim50\ \mathrm{cm}^{-1}$ 内，而 4 个吸收强度较强的特征吸收峰位于 $50\sim130\ \mathrm{cm}^{-1}$ 内。

图 7-3 是实验测试固相苯甲酸钠获得的太赫兹频段特征吸收谱。由于苯甲酸钠在太赫兹频段的特征吸收较强，因此实验测试的样品均是苯甲酸钠与聚四氟乙烯按一定比例混合而成。其中，样品 A 由苯甲酸钠与聚四氟乙烯以质量比 1:1 制成，样品 B 由苯甲酸钠与聚四氟乙烯以质量比 1:1.5 制成，样品 C 由苯甲酸钠与聚四氟乙烯以质量比 1:4 制成，样品 D 由苯甲酸钠与聚四氟乙烯以质量比 1:5 制成。

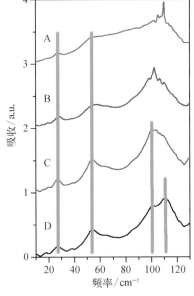

图 7-3
固相苯甲酸钠
的太赫兹频段
吸收谱

由图 7-3 可见,实验测试样品 A 和 B 均观测到 2 个显著的特征吸收峰,实验测试样品 C 获得了 3 个特征吸收峰,而测试样品 D 观测到 4 个特征吸收峰。其中样品 D 的实验测试结果最清晰,苯甲酸钠在 10～130 cm^{-1} 内获得了 4 个明显的特征吸收峰,其中心频率分别位于 27 cm^{-1}、54 cm^{-1}、101 cm^{-1} 和 112 cm^{-1}。

图 7-4 是在 10～130 cm^{-1} 内实验测试固相苯甲酸和苯甲酸钠获得的特征吸收谱。其中苯甲酸在 10～130 cm^{-1} 内观测到 7 个特征吸收峰,中心频率分别位于 21 cm^{-1}、29 cm^{-1}、36 cm^{-1}、62 cm^{-1}、79 cm^{-1}、107 cm^{-1} 和 125 cm^{-1};而苯甲酸钠在 10～130 cm^{-1} 内观测到 4 个特征吸收峰,中心频率分别位于 27 cm^{-1}、54 cm^{-1}、101 cm^{-1} 和 112 cm^{-1}。

依据图 7-4 可知,固相苯甲酸钠与苯甲酸在太赫兹频段的特征吸收

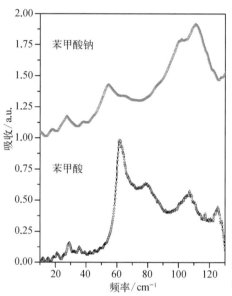

图 7-4
固相苯甲酸钠和苯甲酸的太赫兹吸收谱

峰存在显著差异,因此利用它们的太赫兹频段特征吸收谱完全可以鉴别这两种外观和性质都非常相似的物质。通过调研可知,针对苯甲酸在太赫兹频段特征波谱的理论分析已有相关文献[9-11]报道:苯甲酸在中心频率分别位于 21 cm^{-1}、29 cm^{-1} 和 36 cm^{-1} 的特征吸收峰主要来源于由双氢键连接形成的苯甲酸二聚物的平动模式,而苯甲酸在中心频率分别位于 62 cm^{-1}、79 cm^{-1}、107 cm^{-1} 和 125 cm^{-1} 的特征吸收峰主要来源于分子间作用力产生的转动模式和共价键作用力产生的分子内振动模式。

由于没有查询到苯甲酸钠公开报道的 X 射线衍射实验测试分子结构数据,因而目前对于其太赫兹频段特征吸收峰的解析只能借助于基于单分子结构的数值模拟仿真结果。通过比较固相苯甲酸和苯甲酸钠的分子结构不难发现,虽然苯甲酸和苯甲酸钠分子结构的主要差别在于苯甲酸钠的钠原子取代了苯甲酸的氢原子,但实际上苯甲酸钠的离子键直接影响了苯甲酸钠分子内共价键的键长

和原子间的键角,同时也影响了苯甲酸钠晶胞内的分子排列组成和分子间相互作用力,这是导致苯甲酸钠和苯甲酸的太赫兹频段特征吸收谱存在明显差异的根本原因。利用 MP2 方法数值模拟计算苯甲酸钠在 120 cm^{-1} 以下的分子内振动模式,获得了 1 个中心频率位于 55.06 cm^{-1} 的振动模式,根据振动位移可以推测该振动模式来源于苯甲酸钠分子的 Ph—COONa 面外弯曲。综上所述,认真分析固相苯甲酸钠的实验测试和数值模拟计算结果可以看出,除了中心频率位于 54 cm^{-1} 的实验测试特征吸收峰部分来源于分子内振动以外,苯甲酸钠在 120 cm^{-1} 以下的特征吸收峰主要来源于其分子间振动。

7.4 水杨酸和水杨酸钠及其物化特性

水杨酸又称邻羟基苯甲酸,分子式为 $C_7H_6O_3$,常温下是一种白色晶体,可从植物柳树皮中提取,是一种天然的消炎药。此外,水杨酸还是制备阿司匹林、止痛灵和水杨酰胺等重要药物的原材料,同时也是花露水、痱子水、众多化妆品和食品中的防腐剂,还是一种常用的染料原料。

水杨酸钠的分子式为 $C_7H_5NaO_3$,其单分子结构与水杨酸的主要区别是羧基中的钠原子取代了氢原子,而且水杨酸钠常温下也是一种白色晶体。水杨酸钠不仅是一种重要的镇痛药、抗风湿药和防腐剂,在有机合成、电子和冶金工业等领域也有广泛应用。

利用太赫兹波谱技术研究水杨酸和水杨酸钠这两种分子结构很相似的有机物不仅具有重要的实用价值,而且还可以研究分子结构的微小差异对其太赫兹频段特征吸收谱的影响。

7.5 水杨酸和水杨酸钠太赫兹波谱研究现状

水杨酸和水杨酸钠在医药、工业和日常生活用品中的重要应用吸引了国内外很多科研人员研究它们的太赫兹波谱。2001 年,德国弗莱堡大学的 Walther 等就在低温(10 K)条件下利用太赫兹波时域光谱仪测得水杨酸在 3~150 cm^{-1}

频段内的特征吸收谱,观测到水杨酸在太赫兹频段拥有非常丰富的特征吸收峰[6]。2006 年,日本东北大学的 Saito 等采用周期性密度泛函理论对 Walther 等报道的水杨酸在太赫兹频段的特征吸收峰进行了理论分析,发现这些特征吸收峰主要来自水杨酸的分子内和分子间相互作用[12];同年,波兰雅盖隆大学的 Boczar 等报道了室温水杨酸在 50~4 000 cm^{-1} 频段的红外和拉曼光谱,观测到中心频率分别位于 76 cm^{-1}、90 cm^{-1} 和 127 cm^{-1} 的特征吸收峰[13]。2008 年,美国俄克拉何马州立大学的 Laman 等利用波导 THz - TDS 系统实验测试低温 (77 K)条件下的水杨酸在 0.1~4.0 THz 频段的特征吸收谱,观测到的低温特征吸收峰比室温观测到的特征吸收峰更窄[14]。2012 年,日本东北大学的 Takahashi 等测试水杨酸在 4 K 和 300 K 温度下的太赫兹频段特征吸收谱,观测到低温时水杨酸的太赫兹频段特征吸收峰更多而且更窄,并通过对水杨酸二聚体和晶体结构的数值模拟计算分析了分子间弱氢键相互作用对水杨酸低频振动模式的影响[15];同年,日本 Daiichi Sankyo 公司的 Hisazumi 等实验测试了室温条件下的水杨酸钠在 0.1~2.0 THz 内的特征吸收谱,观测到中心频率位于 0.4 THz 的特征吸收峰,但并未对该吸收峰的起源进行理论分析[16]。

　　虽然目前已有不少关于水杨酸太赫兹波谱的理论和实验研究,但据调研,关于水杨酸钠太赫兹波谱的理论研究尚未见诸报道,而且关于这两种相似有机物太赫兹波谱差异的研究也未见报道。因此,结合太赫兹波谱技术和理论计算研究这两种分子结构相似物质不仅具有重要的实用价值,而且可以为以后的进一步深入研究提供重要参考。

7.6　实验测试和理论计算方法

7.6.1　样品制备和测试方法

　　实验测试的水杨酸和水杨酸钠样品购于天津某公司,而且均为分析纯试剂(纯度>99.9%),使用前都没有再做进一步提纯。制作固体样品时,首先利用电子天平称取一定质量的水杨酸或水杨酸钠样品颗粒,然后用玛瑙研钵和磨杆将样品颗粒研磨成精细的粉末,再用红外压片机(压力为 400 kg/cm^2)将研磨细的样品粉末压制成直径为 13 mm、厚度为 0.50 mm 的表面光滑圆薄片。采用前面描述的太赫兹波时域光谱仪实验测试水杨酸和水杨酸钠样品的太赫兹频段特征吸收谱,而且为了减小空气中的水汽对太赫兹波信号的吸收损耗,实验测试时系统光路被放置在充满干燥空气的密闭箱中(相对湿度<1%)。实验测试的频谱分辨率为 0.03 THz,测试频谱 0.1~3.6 THz,每个样品的测试次数为 1 800 次,样品的太赫兹波时域光谱是这些实验测试光谱的平均值。样品的太赫兹波时域光谱经过快速傅里叶变换(FFT)后得到频域谱,而样品的特征吸收谱正比于样品和参考(干燥空气)频域谱的对数比。为了进一步提高系统测试的信噪比,每个样品的特征吸收谱取 5 次重复测试结果的平均值。

7.6.2　理论计算方法

为了更好地理解水杨酸在太赫兹频段的特征吸收峰起源,需要对其晶胞进行结构优化和振动模式计算。进行结构优化的初始晶胞结构从参考文献[17]获得,具体的晶胞参数如下:空间群 $P2_1/a$,$Z=4$,$a=11.52$ Å,$b=11.21$ Å,$c=4.92$ Å,$\alpha=\gamma=90.00°$,$\beta=90.83°$。数值模拟计算基于广义梯度近似(GGA)平面波密度泛函理论(Plane - wave DFT),利用 PW91 泛函计算电子交换相关能,采用 Tkatchenko - Scheffler 方法修正远程色散相互作用[18],并利用常规保守 Kleinman - Bylander 赝势基组计算电子与离子间相互作用[19]。具体计算参数设置如下:平面波截断能设置为 1 200 eV;采用 K - point 间隔为 0.05 Å^{-1} 的 Monkhorst - Pack 布里渊区积分网格[20];总能量和原子间最大力分别收敛至 10^{-8} eV/atom 和 10^{-4} eV/Å。最后,在晶胞结构优化的基础上计算 Γ 点的振动模式频率以及振动模式的红外吸收强度。

对于水杨酸钠,由于没有查找到可用的晶体结构数据,目前暂时无法完成其固相太赫兹频段特征吸收谱数值模拟,因此这里基于原子轨道线性组合理论对水杨酸钠的单分子结构进行了数值计算模拟。具体地,采用 B3LYP 泛函[21]和 MP2 理论[22]两种不同的理论方法以及相同的高斯型基组 6 - 311+G(d,p)对水杨酸钠分子进行结构优化和振动模式计算。以往的研究表明,采用的这两种理论方法都能够精确地预测分子结构和分子内振动模式[23,24]。其他相关的收敛参数设置如下：原子间最大力小于 10^{-5} eV/Å，单原子最大迁移量小于 10^{-5} Å。

7.7 水杨酸和水杨酸钠太赫兹波谱研究

7.7.1 水杨酸和水杨酸钠太赫兹波谱对比分析

图 7-5 是室温条件下的水杨酸和水杨酸钠在 0.1～3.6 THz 频段的特征吸收谱，可以明显观察到水杨酸和水杨酸钠的太赫兹频段特征吸收谱存在很大差异，因而利用它们的太赫兹频段特征吸收谱完全可以鉴别这两种分子结构很相似的物质。

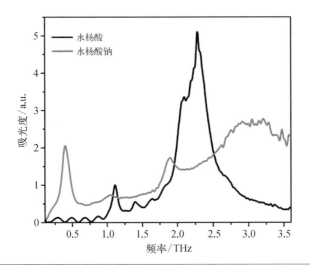

图 7-5
水杨酸和水杨酸钠在 0.1～3.6 THz频段的特征吸收谱

表 7-1 列出了实验测试水杨酸和水杨酸钠获得的太赫兹频段特征吸收峰。其中水杨酸在 0.1～3.6 THz 频段显现 6 个实验测试特征吸收峰，中心频率分别位于 1.11 THz、1.39 THz、1.63 THz、1.84 THz、2.09 THz 和 2.28 THz，吸收强度最强的特征吸收峰及其肩峰的中心频率分别位于 2.28 THz 和 2.09 THz，而其他 4 个特征吸收峰强度较弱。在以前的研究工作[13]中，室温条件下水杨酸在太赫兹频段呈现 2 个特征吸收峰，其中心频率分别位于 2.28 THz（76 cm^{-1}）和 2.70 THz（90 cm^{-1}）；近年的研究工作[15]报道了室温条件下水杨酸在太赫兹频段呈现 4 个特征吸收峰，其中心频率分别位于 1.11 THz（37 cm^{-1}）、1.38 THz

$(46\ \mathrm{cm^{-1}})$、$2.07\ \mathrm{THz}(69\ \mathrm{cm^{-1}})$和$2.25\ \mathrm{THz}(75\ \mathrm{cm^{-1}})$。

表 7-1
水杨酸和水杨酸钠实验测试特征吸收峰
(单位: THz)

水杨酸	水杨酸钠	水杨酸	水杨酸钠
—	0.40	1.84	1.89
1.11	1.05	2.09	—
1.39	—	2.28	—
1.63	—	—	2.98

通过对比观察,我们的研究工作不仅再现了之前研究工作报道的水杨酸的特征吸收峰,而且首次报道了水杨酸在中心频率分别位于 1.63 THz 和 1.84 THz 的特征吸收峰。对于水杨酸钠而言,调研情况表明我们的研究工作首次报道了水杨酸钠在 0.1~3.6 THz 频段的特征吸收谱和 4 个特征吸收峰,即中心频率位于 0.40 THz 和 1.89 THz 的较强特征吸收峰、中心频率位于 1.05 THz 的较弱特征吸收峰以及中心频率位于 2.98 THz 的宽吸收带。

7.7.2 水杨酸和水杨酸钠太赫兹频段振动模式分析

根据水杨酸的晶体结构[17]分析可知,水杨酸分子在其晶体中形成了中心对称二聚体结构,如图 7-6 所示。

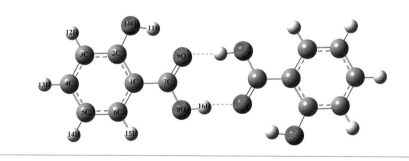

图 7-6
水杨酸中心对称二聚体的分子结构示意

由于精确的分子结构是准确再现物质太赫兹波谱的基础,因此为了更好地再现水杨酸的真实分子结构,这里首先采用数值模拟计算获得水杨酸的分子几何结构参数(键长和键角),然后通过计算与实验测试结果的 RMSD 值以评估数值模拟计算结果的准确性。

表 7-2 比较了水杨酸分子几何结构参数的数值模拟计算结果和实验测试值。可以看出,数值模拟计算获得的键长和键角的 RMSD 值都很小,分别为 0.011 Å 和 0.3°,表明采用固相密度泛函理论方法可以很好地再现水杨酸的分子结构。此外,由参考文献[24-26]可知,当前水杨酸分子结构的数值模拟计算精度足以很好地再现水杨酸的太赫兹频段特征吸收谱。

表 7-2
水杨酸分子实
验测试和理论
计算几何结构
参数(键长和
键角)

化 学 键	实验测试键长/Å	理论计算键长/Å	化 学 键	实验测试键角/(°)	理论计算键角/(°)
C_1—C_2	1.403	1.417	C_1—C_2—C_3	119.4	119.2
C_2—C_3	1.404	1.405	C_2—C_3—C_4	121.3	120.1
C_3—C_4	1.377	1.372	C_3—C_4—C_5	120.5	121.0
C_4—C_5	1.408	1.384	C_4—C_5—C_6	119.5	119.5
C_5—C_6	1.364	1.387	C_5—C_6—C_1	121.3	121.1
C_3—H_{12}	1.067	1.083	C_6—C_1—C_2	119.1	119.0
C_4—H_{13}	1.067	1.083	C_7—O_8—H_{16}	112.4	112.5
C_5—H_{14}	1.033	1.080	O_8—C_7—C_1	116.0	116.8
C_6—H_{15}	1.075	1.081	O_9—C_7—C_1	123.0	121.0
C_7—C_1	1.468	1.451	O_{10}—C_2—C_1	122.8	121.3
C_7—O_8	1.300	1.220	H_{11}—O_{10}—C_2	107.6	108.2
O_8—H_{16}	0.986	1.014	H_{12}—C_3—C_2	116.0	118.6
O_9—C_7	1.231	1.175	H_{13}—C_4—C_2	119.1	119.2
O_{10}—C_2	1.360	1.246	H_{14}—C_5—C_6	119.3	120.5
O_{10}—H_{11}	0.954	0.979	H_{15}—C_6—C_1	116.6	118.4
RMSD	—	0.011	RMSD	—	0.3

由于水杨酸晶胞中包含 4 个分子、64 个原子,因而共有 189 个振动模式 (47Au+46Bu+48Bg+48Ag),其中 168 个振动模式(42Au+42Bu+42Bg+42Ag)来自水杨酸的分子内振动,21 个振动模式(5Au+4Bu+6Bg+6Ag)源自水杨酸的分子间振动。因为水杨酸晶胞的空间群为 P2₁/a,所以只有对称性为 Au 和 Bu 的振动模式具有红外活性,有可能作为太赫兹频段特征吸收峰而被太赫兹波时域光谱仪检测到。

表 7-3 列出了数值模拟计算获得的水杨酸的振动模式,其中振动模式的描

述是依据对振动模式贡献最大的分子运动形式而确定的。数值模拟计算结果显示水杨酸在 0.1~3.6 THz 频段存在 6 个振动模式(3Au+3Bu),包括 5 个分子间振动模式(1 个绕晶轴 c 轴的转动、2 个蝶式和 2 个齿轮运动)和 1 个分子内振动模式(Ph—COOH 的面外扭曲运动)。进而,由数值模拟计算获得的振动模式的中心频率和实验测试得到的特征吸收峰中心频率的 RMSD 值(0.05 THz)可知,数值模拟计算成功地再现了水杨酸在 0.1~3.6 THz 频段所有的特征吸收峰。具体地,实验测试中心频率位于 1.11 THz 的特征吸收峰可归属于数值模拟计算获得的中心频率位于 1.12 THz 的振动模式,该振动模式源于分子集体转动;数值模拟计算获得的中心频率分别位于 1.50 THz 和 1.59 THz 的振动模式很可能分别贡献于实验测试获得的中心频率分别位于 1.39 THz 和 1.63 THz 的特征吸收峰,即这两个特征吸收峰均源自氢键连接的水杨酸二聚体蝶式运动;此外,实验测试获得的中心频率分别位于 1.84 THz 和 2.09 THz 的特征吸收峰可能分别归属于数值模拟计算获得的中心频率分别位于 1.82 THz 和 2.25 THz 的振动模式,这两个振动模式均由氢键连接的水杨酸二聚体的齿轮运动产生;而中心频率位于 2.28 THz 的特征吸收峰源自中心频率位于 2.48 THz 的分子内振动模式。需要指出的是,尽管采用色散修正泛函可以较好地再现实验测试获得的特征吸收峰,但数值模拟计算获得的振动模式与实验测试值仍存在一定的频率差,说明远程分子间相互作用对固态有机物的低频振动模式影响较大。

表 7-3
水杨酸实验测试吸收峰和理论计算振动模式

实验测试吸收峰/THz	理论计算振动模式		
	振动模式频率/THz	振动模式红外强度/(km/mol)	振动模式描述
1.11	1.12	5.61	分子绕晶轴 c 轴转动
1.39	1.50	5.37	二聚体蝶式运动
1.63	1.59	0.84	二聚体蝶式运动
1.84	1.82	1.49	二聚体齿轮运动
2.09	2.25	9.38	二聚体齿轮运动
2.28	2.48	13.99	Ph—COOH 面外扭曲运动
RMSD	0.05	—	—

图 7 - 7 和表 7 - 4 分别是水杨酸钠的单分子结构示意和分子几何结构参数。

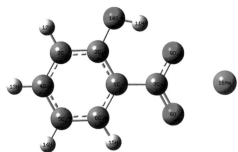

图 7 - 7
水杨酸钠的单分子结构示意

由表 7 - 4 可知,采用 B3LYP 和 MP2 方法数值模拟计算获得的水杨酸钠键长/键角差异很小。具体地,采用 B3LYP 和 MP2 方法数值模拟计算获得的大多数键长相差不到 0.012 Å,最大键角相差不到 1.8°,只有 O_8—Na_{16}^+ 和 O_9—Na_{16}^+ 的键长分别相差 0.064 Å 和 0.065 Å,但 C_7—O_8^-—Na_{16}^+ 和 C_7—O_9^-—Na_{16}^+ 的键角相差很小,都只有 0.3°,说明基于水杨酸钠单分子结构的数值模拟计算很成功。对比水杨酸钠(MP2 方法计算结果)和水杨酸(实验测试结果)的分子结构可以发现,它们苯环上的键长和键角差别不大(键长和键角分别接近于 1.4 Å 和 120°),但水杨酸钠分子中的羧基与苯环连接的 C_7—C_1 键长以及羧基中的 C_7—O_8 和 C_7—O_9 键长与水杨酸分子中的相应键长差别较大,分别相差 0.036 Å、0.017 Å 和 0.045 Å,而且水杨酸钠分子的 O_8—C_7—C_1 和 O_9—C_7—C_1 键角与水杨酸分子相应的键角相差超过 2°。与水杨酸的单分子结构比较,水杨酸钠的主要差别是羧基中的钠原子取代了氢原子,基团 COO^- 和 Na^+ 之间形成离子键,使基团 COO^- 的电子密度重新分布,进而改变了分子结构。此外,水杨酸钠的离子键取代了水杨酸分子间的氢键(O—H…O),导致其晶胞中的分子排列方式和分子间相互作用发生变化,而这些单分子结构以及分子间相互作用的差异是这两种相似物质太赫兹频段特征吸收谱存在较大差异的根本原因。

化 学 键	B3LYP 方法计算键长/Å	MP2 方法计算键长/Å	化 学 键	B3LYP 方法计算键角/(°)	MP2 方法计算键角/(°)
C_1—C_2	1.413	1.406	C_1—C_2—C_3	119.8	120.0
C_2—C_3	1.405	1.400	C_2—C_3—C_4	121.1	120.6
C_3—C_4	1.392	1.397	C_3—C_4—C_5	119.9	119.9
C_4—C_5	1.398	1.397	C_4—C_5—C_6	119.0	119.4

表 7 - 4
水杨酸钠分子理论计算几何结构参数(键长和键角)

化学键	B3LYP方法计算键长/Å	MP2方法计算键长/Å	化学键	B3LYP方法计算键角/(°)	MP2方法计算键角/(°)
C_5-C_6	1.393	1.396	$C_5-C_6-C_1$	122.4	121.5
C_3-H_{12}	1.089	1.086	$C_6-C_1-C_2$	117.8	118.7
C_4-H_{13}	1.087	1.083	$C_7-O_8^--Na_{16}^+$	87.7	87.4
C_5-H_{14}	1.056	1.053	$C_7-O_9^--Na_{16}^+$	88.0	87.7
C_6-H_{15}	1.084	1.083	$O_8-C_7-C_1$	118.1	118.0
C_7-C_1	1.506	1.504	$O_9-C_7-C_1$	120.0	118.5
C_7-O_8	1.280	1.283	$O_{10}-C_2-C_1$	120.5	118.7
$O_8^--Na_{16}^+$	2.194	2.258	$H_{11}-O_{10}-C_2$	108.5	108.0
$O_9^--Na_{16}^+$	2.191	2.256	$H_{12}-C_3-C_2$	116.0	116.4
O_9-C_7	1.272	1.276	$H_{13}-C_4-C_3$	119.5	119.5
$O_{10}-C_2$	1.365	1.377	$H_{14}-C_5-C_6$	120.4	120.3
$O_{10}-H_{11}$	0.967	0.967	$H_{15}-C_6-C_1$	116.6	117.7

  表7-5列出了实验测试水杨酸钠得到的特征吸收峰和采用两种不同理论方法数值模拟计算获得的振动模式。可以看到,采用B3LYP和MP2方法进行数值模拟计算都得到了3个红外活性分子内振动模式,分别为Ph—COONa的弯曲、扭曲和摇摆运动(采用MP2方法的数值模拟计算结果如图7-8所示)。具体地,采用B3LYP方法数值模拟计算获得了中心频率分别位于0.83 THz、2.23 THz和4.18 THz的3个振动模式,而采用MP2方法数值模拟计算获得了中心频率分别位于1.29 THz、1.83 THz和3.12 THz的3个振动模式。与采用B3LYP方法获得的计算结果比较,很明显采用MP2方法数值计算获得的振动模式的中心频率更接近实验测试获得的特征吸收峰的中心频率,这主要是由于MP2方法对电子相关能进行了二次修正[22]。由MP2方法的数值模拟计算结果可知,计算获得的中心频率位于1.29 THz、1.83 THz和3.12 THz的振动模式分别贡献于实验测试获得的中心频率位于1.05 THz、1.89 THz和2.89 THz的特征吸收峰。此外,计算结果显示0.40 THz附近没有分子内振动模式,因此水杨酸钠在0.40 THz处的特征吸收很可能源于分子间振动,参考文献[27]也报道了类似的预测。

表 7 - 5
水杨酸钠实验
测试吸收峰和
理论计算振动
模式

实验测试 吸收峰/THz	理论计算振动模式		
	B3LYP 方法 计算模式/THz	MP2 方法 计算模式/THz	振动模式描述
1.05	0.83	1.29	Ph—COONa 弯曲运动
1.89	2.23	1.83	Ph—COONa 扭曲运动
2.98	4.18	3.12	Ph—COONa 摇摆运动
RMSD	0.42	0.09	—

(a)   (b)   (c)

图 7 - 8
水杨酸钠分子
内 振 动 模 式
（MP2 方法计
算结果）

    （a）1.29 THz,Ph—COONa 弯曲运动;（b）1.83 THz,Ph—COONa 扭曲运动;（c）3.12 THz,Ph—COONa 摇摆运动

7.7.3　水杨酸和烟酸、异烟酸及 2-吡啶甲酸结构及其太赫兹波谱对比分析

    水杨酸和烟酸、异烟酸以及 2-吡啶甲酸（后 3 种物质为同分异构体）的单分子结构很相似（图 6-10 和图 7-6），都有一个苯环和连接在苯环上的羧基。而且,这 4 种物质常温时的外观也很接近,都是白色结晶粉末。此外,如 6.6 节和 7.4 节所述,这 4 种物质都是被广泛应用的医药或制药原料。因此,利用这 4 种分子结构相似物质的太赫兹频段特征吸收谱在医药生产过程中实现有效辨识具有非常重要的实用价值。

    图 7-9 是这 4 种物质在 0.1～3.6 THz 频段的特征吸收谱。由图 7-9 可见,尽管水杨酸和烟酸、异烟酸及 2-吡啶甲酸分子结构相似,但是它们的太赫兹频段特征吸收谱明显不同。

    表 7-6 列出了这 4 种物质在 0.1～3.6 THz 频段的特征吸收峰,这些吸收峰数量的差异和中心频率位置的不同与这些物质的分子结构以及晶体结构差异密切相关。由 6.7、6.8 节和 7.7 节对这 4 种物质的振动模式分析可知,水杨酸和烟酸、异烟酸以及 2-吡啶甲酸晶胞内分别有 93 个（47Au＋46Bu）、81 个（41Au＋40Bu）、39 个（39Au）和 165 个（83Au＋82Bu）红外活性振动模式。因此,不难理

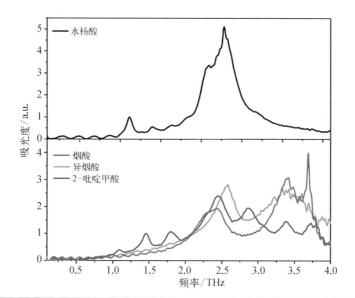

图 7 - 9
水杨酸和烟酸、异烟酸及2-吡啶甲酸在0.1~3.6 THz频段的特征吸收谱

解水杨酸和2-吡啶甲酸的实验测试特征吸收峰较多而且峰位明显不同。

表 7 - 6
水杨酸和烟酸、异烟酸及2-吡啶甲酸特征吸收峰(单位:THz)

水杨酸	烟 酸	异烟酸	2-吡啶甲酸
1.11	—	—	1.11
1.39	—	—	1.46
1.63	—	—	—
1.84	2.27	—	1.82
2.09	2.46	2.56	2.46
2.28	—	—	2.87
—	3.41	3.36	3.36

参考文献

[1] Sim G A, Robertson J M, Goodwin T H. The crystal and molecular structure of benzoic acid[J]. Acta Crystallographica, 1955, 8(3): 157 - 164.

[2] Bruno G, Randaccio L. A refinement of the benzoic acid structure at room temperature[J]. Acta Crystallographica Section B, 1980, 36(7): 1711 - 1712.

[3] Zelsmann H R, Mielke Z. Far-infrared spectra of benzoic acid[J]. Chemical Physics Letters, 1991, 186(6): 501 – 508.

[4] Li R Y, Zeitler J A, Tomerini D, et al. A study into the effect of subtle structural details and disorder on the terahertz spectrum of crystalline benzoic acid[J]. Physical Chemistry Chemical Physics, 2010, 12(20): 5329 – 5340.

[5] Zheng Z P, Fan W H, Yan H. Application of terahertz spectroscopy and molecular modeling in isomers investigation: Glucose and fructose[J]. Optics Communications, 2012, 285(7): 1868 – 1871.

[6] Walther M, Plochocka P, Fischer B, et al. Collective vibrational modes in biological molecules investigated by THz Time-domain spectroscopy[J]. Biopolymers, 2002, 67(4 – 5): 310 – 313.

[7] Zhang Z Y, Yu X H, Zhao H W, et al. Component analysis to isomer mixture with THz – TDS[J]. Optics Communications, 2007, 277(2): 273 – 276.

[8] Yamaguchi S, Tominaga K, Saitoc S. Intermolecular vibrational mode of the benzoic acid dimer in solution observed by terahertz time-domain spectroscopy[J]. Physical Chemistry Chemical Physics, 2011, 13(32): 14742 – 14749.

[9] Zheng Z P, Fan W H, Xue B. Study on benzoic acid by THz time-domain spectroscopy and density functional theory[J]. Chinese Optics Letters, 2011, 9 (S1): S10506.

[10] Jepsen P U, Clark S J. Precise ab-initio prediction of terahertz vibrational modes in crystalline systems[J]. Chemical Physics Letters, 2007, 442(4 – 6): 275 – 280.

[11] Takahashi M, Kawazoe Y, Ishikawa Y. Interpretation of temperature-dependent low frequency vibrational spectrum of solid-state benzoic acid dimer[J]. Chemical Physics Letters, 2009, 479(4 – 6): 211 – 217.

[12] Saito S, Inerbaev T M, Mizuseki H, et al. Terahertz vibrational modes of crystalline salicylic acid by numerical model using periodic density functional theory [J]. Japanese Journal of Applied Physics, 2006, 45(5): 4170 – 4175.

[13] Boczar M, Boda Ł, Wójcik M J. Theoretical model for a tetrad of hydrogen bonds and its application to interpretation of infrared spectra of salicylic acid[J]. The Journal of Chemical Physics, 2006, 124(8): 084306.

[14] Laman N, Harsha S S, Grischkowsky D. Narrow-line waveguide terahertz time-domain spectroscopy of aspirin and aspirin precursors[J]. Applied Spectroscopy, 2008, 62(3): 319 – 326.

[15] Takahashi M, Ishikawa Y, Ito H. The dispersion correction and weak-hydrogen-bond network in low-frequency vibration of solid-state salicylic acid[J]. Chemical Physics Letters, 2012, 531: 98 – 104.

[16] Hisazumi J, Watanabe T, Suzuki T, et al. Using terahertz reflectance spectroscopy to quantify drug substance in tablets[J]. Chemical and Pharmaceutical Bulletin, 2012, 60(12): 1487 – 1493.

[17] Cochran W. The crystal and molecular structure of salicylic acid[J]. Acta

Crystallographica, 1953, 6(3): 260 - 268.

[18] Tkatchenko A, Scheffler M. Accurate molecular Van Der Waals interactions from ground-state electron density and free-atom reference data[J]. Physical Review Letters, 2009, 102(7): 073005.

[19] Kleinman L, Bylander D M. Efficacious form for model pseudopotentials[J]. Physical Review Letters, 1982, 48(20): 1425 - 1428.

[20] Evarestov R A, Smirnov V P. Modification of the Monkhorst-Pack special points meshes in the Brillouin zone for density functional theory and Hartree-Fock calculations[J]. Physical Review B, 2004, 70(23): 233101.

[21] Becke A D. Density-functional thermochemistry. III. The role of exact exchange[J]. The Journal of Chemical Physics, 1993, 98(7): 5648 - 5652.

[22] Møller C, Plesset M S. Note on an approximation treatment for many-electron systems[J]. Physical Review, 1934, 46(7): 618 - 622.

[23] Zheng Z P, Fan W H, Yan H, et al. Study on THz spectra and vibrational modes of benzoic acid and sodium benzoate[J]. Spectroscopy and Spectral Analysis, 2013, 33(3): 582 - 585.

[24] Dash J, Ray S, Nallappan K, et al. Terahertz spectroscopy and solid-state density functional theory calculations of cyanobenzaldehyde isomers[J]. The Journal of Physical Chemistry A, 2015, 119(29): 7991 - 7999.

[25] Zheng Z P, Fan W H, Li H, et al. Terahertz spectral investigation of anhydrous and monohydrated glucose using terahertz spectroscopy and solid-state theory[J]. Journal of Molecular Spectroscopy, 2014, 296: 9 - 13.

[26] Takahashi M, Ishikawa Y. Terahertz vibrations of crystalline α-D-glucose and the spectral change in mutual transitions between the anhydride and monohydrate[J]. Chemical Physics Letters, 2015, 642: 29 - 34.

[27] Motley T L, Allis D G, Korter T M. Investigation of crystalline 2-pyridone using terahertz spectroscopy and solid-state density functional theory[J]. Chemical Physics Letters, 2009, 478(4 - 6): 166 - 171.

液相苯甲酸和苯甲酸钠、葡萄糖与果糖太赫兹波谱研究

8.1　液相物质的太赫兹波谱研究现状

　　随着太赫兹波的产生及探测手段变得越来越灵活方便,太赫兹波时域光谱技术(THz‐TDS)的应用也越来越多,就研究对象而言,现阶段主要分为固相和液相物质的太赫兹波谱研究。固相物质的测试范围包括生物分子、炸药以及毒品等,其中以生物分子的研究为主,包括糖[1-4]、嘧啶[5-7]、氨基酸[8-11]等,通常首先研磨成粉末,然后压制成薄片(Pellet)进行测试。而液相物质的测试包括非极性液体[12](例如苯)、极性液体[13](例如水)、混合溶液[14](例如水和乙醇)、极性分子在非极性溶剂中(例如2-吡啶酚在环己烷中[15])等。对比固相和液相两种状态的太赫兹频段特征吸收谱研究,固相太赫兹频段特征吸收谱研究具有样品制作简单、实验操作容易等优点。近年来,THz‐TDS技术在研究固相物质的太赫兹波谱测试方面取得了很大的突破,炸药、毒品、糖、氨基酸、蛋白质等物质的研究结果相继被报道,而液相物质的太赫兹波谱研究却发展缓慢,主要原因在于液相物质太赫兹波谱实验复杂,重点在于配制样品、控制光程和保持较低的湿度环境等。

　　通过调研发现,目前液相物质太赫兹波谱研究还是以国外课题组居多,其中主要包括以非极性溶剂中的有机分子理论计算为主的Korter课题组[16]、专门研究液体动力学的Alfano课题组[17]、研究蛋白质和糖与水相互作用的Havenith课题组[18]、以液相探测应用为主的Jepsen课题组[19]、以混合溶液研究为主的Tominaga课题组[20]。而在国内,对于液相物质的太赫兹波谱研究几乎处于空白阶段。

　　二十余年来,THz‐TDS技术在液相物质太赫兹波谱研究方面的实验尝试主要集中在细胞组织中水分含量的测试、蛋白质与水动力学研究以及液相物质辨别等方面。现阶段,随着THz‐TDS系统器件性能的不断提高,已经有越来越多的课题组加入这个方向的研究中。而以生物分子与水相互作用为主的生物液相太赫兹波谱研究已经独立出来,并成为一个新的研究方向,为此曾举办多次国际研讨会。按照这样的发展趋势,相信在未来的几年或十几年内,液相物质的太赫兹波谱研究势必成为学术界的重点研究方向,其研究内容也将从现阶段的理论和实验研究转向实际应用,为人类的生活带来便利。研究液相物质在太赫兹频段的特征吸收谱,可以完善物质的太赫兹频段波谱数据库;研究不同浓度的液相物质太赫兹波谱的变化规律,结合量化理论,可以确定液相物质在不同浓度下的分子存在形式;研究不同环境下(浓度或温度等)液相物质的介电常数变化,可以获得物质在太赫兹频段的弛豫时间;研究太赫兹波对水的敏感作用,可以用来分析生物细胞中的水含量,得到细胞的存活状况;研究不同液相物质在太赫兹频段的吸收谱以及折射率等信息,可以用来辨识不同的液相物质;研究液相物质在太赫兹频段的振动吸收谱,结合量化理论,有助于诠释实验测试获得的特征吸收峰的产生原因。

研究液相物质的太赫兹频段波谱意义非常广泛,其可以应用在医疗、环境、食品和安全检测中。具体地,在医疗方面,可以应用于血检、尿检;在环境方面,可以用于水污染检测;在食品方面,可以用于含水蛋白质分析,水中糖、油和盐含量检测;在安全方面,可以应用到重要场所的易燃液体检测等领域。总之,液相物质的太赫兹频段波谱研究具有重大的科研价值及实际意义。

基于有机分子在液相环境下分子作用模式的研究是分析其分子功能必不可少的重要步骤。因此,本章以苯甲酸和苯甲酸钠的环己烷溶液以及葡萄糖和果糖的水溶液为主要研究对象,分别针对这4种物质在液相情况下的实验测试太赫兹频段特征吸收谱进行对比研究,借助于量化计算手段,解析这4种物质在液相情况下的太赫兹频段特征吸收峰及其来源,分析这4种物质液相太赫兹频段特征吸收谱差异的主要原因。

8.2 液相苯甲酸和苯甲酸钠太赫兹波谱研究

苯甲酸和苯甲酸钠是常用的食品防腐剂,具有防止食品变质发酸、延长保质期的作用,而且制备工艺简单、产率高,因此被世界各国广泛使用。近年来,食品安全问题越来越多地引起人们重视,考虑到苯甲酸钠防腐剂可与维生素C反应生成致癌性的苯,日本等国家已经停止生产苯甲酸钠,并对其使用做出了具体限制。此外,由于苯甲酸和苯甲酸钠的性状十分相似,仅凭外观很难区分这两种物质。因此,在实际生活中能否有效区分苯甲酸和苯甲酸钠显得极为重要。新近发展起来的太赫兹波时域光谱技术在医药辨别以及炸药和可燃性气体检测等方面已显示出越来越重要的应用价值,利用物质的太赫兹频段特征吸收谱不仅可以区分不同物质[1,2,4],而且可以辨别同分异构体[3,8]。因此,采用太赫兹波时域光谱技术辨识苯甲酸和苯甲酸钠具有切实可行和非常重要的现实意义。截至目前,苯甲酸在四氯化碳溶液中的太赫兹频段特征吸收谱[21]已经见诸报端,而苯甲酸钠的液相太赫兹频段特征吸收谱研究尚未发现与之相关的研究报道。

这里,主要研究讨论苯甲酸和苯甲酸钠在环己烷溶液中的太赫兹频段特征吸收特性,比较二者实验测试获得的太赫兹频段特征吸收谱的异同,并借助于量化理论进行数值计算模拟,阐述产生不同实验现象的原因;通过比较苯甲酸和苯甲酸钠在固相/液相环境下的太赫兹频段特征吸收谱,总结归纳苯甲酸和苯甲酸钠在固相/液相环境下的太赫兹频段特征吸收谱产生差异的主要原因。

图 8-1 是苯甲酸和苯甲酸钠的分子结构示意。

图 8-1
苯甲酸(左)和
苯甲酸钠(右)
的分子结构
示意

8.2.1 液相样品制备及理论模拟方法

相较于固相样品,由于液相样品在实验测试过程中存在流动性,因而使得其实验测试过程变得相对烦琐和困难,而且固相和液相物质的样品实验测试装置存在较大差异。在前面的介绍中,固相样品通常都是以压片形式进行实验测试,所以其样品测试装置一般都是采用卡槽结构;而对于液相样品,不仅要考虑其流动性、光程,而且还要考虑太赫兹波焦斑的位置。如果光程较大,则样品是否放置在太赫兹波焦斑中心将会严重影响实验测试结果。

实验测试的苯甲酸和苯甲酸钠样品(分析纯)购于天津某公司,使用之前未经过进一步纯化处理;环己烷溶剂购于西安某公司(纯度≥99.9%)。首先将固相苯甲酸和苯甲酸钠样品称重后利用玛瑙研钵研磨至很细的粉末,然后分别溶于环己烷溶剂中配制成饱和溶液。实验测试苯甲酸和苯甲酸钠的环己烷饱和溶液时,采用光程 20 mm 的石英晶体样品池承载液体样品。采用的太赫兹波时域光谱系统如前所述。数值模拟计算采用原子轨道线性组合方法的密度泛函理论,对单个及二聚物苯甲酸分子进行结构优化和振动模式分析。采用的计算方法分别是 B3LYP 和 MP2,使用的基组为 6-311+G(d,p)。计算结果没有使用标度因子修正。

8.2.2　苯甲酸和苯甲酸钠环己烷溶液的太赫兹波谱

图 8-2 是苯甲酸环己烷饱和溶液在 $10\sim100$ cm^{-1} 频段的特征吸收谱。可以看出,在频率低于 20 cm^{-1} 及高于 90 cm^{-1} 时,实验测试得到的太赫兹频段特征吸收谱的噪声很大,因而这里分析讨论的实际特征吸收谱主要局限于 $20\sim$ 90 cm^{-1} 内。显而易见,苯甲酸环己烷饱和溶液存在一个包络很大的吸收带,而

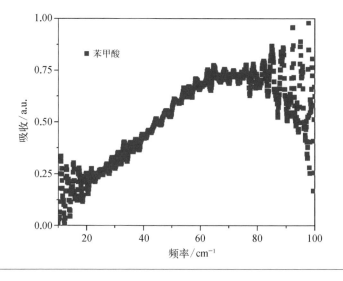

图 8-2
苯甲酸环己烷
饱和溶液的太
赫兹吸收谱

且整个包络在 64.8 cm^{-1} 处的吸收强度最大。与固相苯甲酸在 62 cm^{-1}（50～70 cm^{-1} 频段内）的特征吸收峰相比较,该吸收谱带宽度很大。由此也可以说明,液相情况下的物质吸收峰不一定是由一个或少数几个光学振动模式造成,可能含有多个光学振动模式,因而其吸收谱带频谱宽度较大。

  图 8-3 是苯甲酸钠环己烷饱和溶液的太赫兹频段特征吸收谱。实验测试发现,苯甲酸钠环己烷饱和溶液在实验测试的太赫兹频段范围内的吸收强度随着测试频率的升高而增强,但却并未显示明显的吸收特性。这样的测试结果与固相苯甲酸钠的太赫兹频段特征吸收谱差异很大。

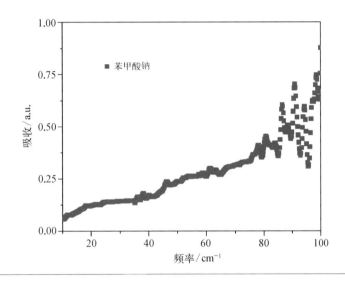

图 8-3
苯甲酸钠环己
烷饱和溶液的
太赫兹吸收谱

  显而易见,实验测试表明,苯甲酸和苯甲酸钠不仅固相状态的太赫兹频段特征吸收谱差异很大,而且它们在环己烷溶液中的太赫兹频段吸收谱也存在很大差异。

8.2.3 理论模拟结果分析与讨论

  根据第 7 章的实验测试和理论分析可知,固相环境下苯甲酸和苯甲酸钠两种物质的太赫兹频段特征吸收谱产生较大差异的主要原因是苯甲酸分子结构中的羧基氢原子被钠原子取代后,形成的离子键直接影响了苯甲酸钠分子内其他共价键的键长和原子间的键角,同时也影响了苯甲酸钠晶胞内分子的排列组成和分子间的相互作用,从而导致苯甲酸钠与苯甲酸的固相太赫兹频段特征吸收谱产生根本差异。而实验测试发现,在液相的环己烷溶液中,由于苯甲酸和苯甲酸钠的分子间相互作用被极大地削弱,进而它们在太赫兹频段的特征吸收峰明显减少,以至于苯甲酸钠未显现出明显的特征吸收峰。

为了进一步分析苯甲酸和苯甲酸钠的环己烷饱和溶液的太赫兹频段特征吸收谱产生较大差异的原因,这里分别采用密度泛函理论和MP2方法对苯甲酸的二聚物进行数值模拟计算。结果表明,苯甲酸二聚物的数值模拟计算获得的振动模式与液相实验测试得到的宽吸收谱带的中心频率非常接近,而且拟合结果非常好,如表8-1所示。

表8-1 苯甲酸二聚物分子振动模式数值模拟计算结果(单位:cm^{-1})

B3LYP	MP2
18.1 (1.3)[①]	18.0 (1.09)[①]
30.4 (0.003)	24.4 (0.04)
58.2 (4.37)	57.4 (3.61)
83.9 (0.49)	77.7 (0.07)

① 括号内是红外吸收强度(km/mol)。

图8-4是实验测试苯甲酸的环己烷饱和溶液获得的特征吸收谱与数值模拟计算苯甲酸二聚物再现的太赫兹频段吸收谱。显而易见,苯甲酸二聚物的数值模拟计算结果与实验测试的苯甲酸环己烷饱和溶液结果很接近。在数值模拟计算中,苯甲酸二聚物的数值模拟计算得到了4个计算振动模式,以中心频率位于$58.2~cm^{-1}$的振动模式强度最大,该振动模式来源于以氢键连接的苯甲酸二聚物的齿轮振动作用。研究发现,图8-4中经过数值模拟计算再现的苯甲酸太赫兹频段特征吸收谱带的半高宽度为$30~cm^{-1}$,而固态苯甲酸对应的太赫兹频段特征吸收峰的半高宽度小于$10~cm^{-1}$,这主要是由于液相情况下的苯甲酸分子结构没有固相情况稳定,而且分子排列相比固相状态的晶胞发生了很大变化,一些相互作用被放大,一些相互作用被减弱。相较于固相苯甲酸显现的清晰的特征吸收峰,苯甲酸的环己烷饱和溶液呈现的吸收谱带只是一个很宽的吸收包络,这样的实验测试结果也说明被测试物质的结构与邻近环境发生了很大的变化。由于氢

键相互作用大于范德瓦尔斯力,所以在样品分子被稀释情况下,范德瓦尔斯力首先被大大削弱,而氢键由于其作用力稍大于范德瓦尔斯力以至于液相环境中存在着大量的聚合物,例如数值模拟计算的苯甲酸二聚物。由于苯甲酸的环己烷饱和溶液中存在大量的苯甲酸二聚物,因此导致了液相环境下实验测试苯甲酸的环己烷饱和溶液只得到了一个较宽的吸收包络。对于苯甲酸钠而言,由于苯甲酸钠分子间的氢键作用被离子键破坏,所以固相苯甲酸钠的太赫兹频段特征吸收峰基本源于其分子间范德瓦尔斯力的贡献,而在液相环境下,苯甲酸钠分子间的范德瓦尔斯力被大大削弱,以至于在液相环境下未检测到苯甲酸钠的太赫兹频段特征吸收峰。

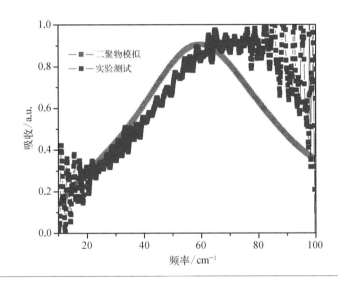

图 8-4
苯甲酸的实验
测试与二聚物
数值模拟计算
吸收谱

8.3 液相葡萄糖和果糖太赫兹波谱研究现状

葡萄糖不仅是生物体内活细胞的能量来源和新陈代谢的中间产物,而且还是合成抗坏血酸的原料,在生物学领域占有非常重要的地位,并已被广泛应用于生产糖果和医药。果糖是葡萄糖的一种同分异构体,也是血糖的主要成分之一,常存在于水果、蔬菜、瓜类和蜂蜜中。鉴于这两种物质在食品、医药和工业上的重要应用,因此有必要通过太赫兹特征吸收谱技术鉴别和研究这两种同分异构体。葡萄糖和果糖的分子结构示意如图 8-5 所示。

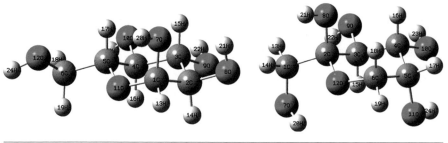

图 8 - 5
葡萄糖(左)和
果糖(右)的分
子结构示意

葡萄糖和果糖这两种人类日常生活必需的物质已经吸引了国内外很多学者竞相开展相关研究工作。2003 年,Walther 等报道了 L - 葡萄糖和 D - 葡萄糖在 0.1～3.0 THz 频段的特征吸收谱,发现它们的特征吸收峰主要来自葡萄糖的分子间相互作用[4]。2007 年,Max 等研究了葡萄糖和果糖水溶液在 650～4 300 cm^{-1} 频段的红外特征吸收谱,发现了 4 种仅在水溶液中存在的水合物[22]。2008 年,Nazarov 等研究了葡萄糖、果糖、蔗糖和乳糖在 0.1～3.5 THz 频段的特征吸收谱,发现糖类分子在太赫兹频段拥有很丰富的特征吸收峰[23];同年,Arikawa 等在 100～900 cm^{-1} 频段研究了二糖(海藻糖和乳糖)和单糖(葡萄糖)不同浓度水溶液的特征吸收谱,发现二糖比单糖对周围水分子的红外吸收影响更大[24]。2011 年,Zheng 等采用从头算(HF)和密度泛函理论(B3LYP 和 B3PW91)方法研究分析了葡萄糖和果糖在 0.5～4.0 THz 频段的特征吸收谱,发现 B3LYP 泛函可以更好地解释这两种物质的分子内振动模式[3]。2012 年,Suhandy 等利用衰减全反射太赫兹光谱(ATR - THz)技术结合最小二乘回归法对葡萄糖水溶液进行了定量分析,发现 Savitzky - Golay 模型能够很好地确定溶液浓度[25]。2015 年,Shiraga 等采用 ATR - THz 技术研究了不同浓度二糖(海藻糖和蔗糖)和单糖(葡萄糖和果糖)水溶液中溶质对水分子间氢键的破坏作用,发现 3 个单糖/二糖分子可以产生 1～2 个非氢键连接的水分子,而且这种现象与溶质浓度关系不大[26]。

虽然有很多研究报道了葡萄糖和果糖的太赫兹频段吸收谱以及红外频段吸收谱,但大多数研究要么侧重于实验研究,要么基于单分子的理论模拟去解析实验测试特征吸收峰,缺乏系统研究这两种物质固相/液相太赫兹频段以及红外频段特征吸收峰的来源。因此,这里结合太赫兹波谱/红外光谱技术和从头算以及密度泛函理论方法对这两种物质固相/液相太赫兹频段以及红外频段特征吸收谱进行更全面的解析。

8.4　葡萄糖和果糖水溶液的太赫兹波谱及红外特征吸收谱

实验测试的葡萄糖和果糖样品购于成都某化工厂,而且均为分析纯试剂(纯度>99.0%)。固相太赫兹频段特征吸收谱测试详见第 5 章有关内容。进行葡萄糖和果糖液相(溶剂水)太赫兹频段特征吸收谱测试时,需要制备葡萄糖和果糖水溶液,首先将纯葡萄糖或果糖样品颗粒研磨成精细的粉末,然后加入溶剂(纯净水)配制成饱和以及不同浓度的稀释水溶液,最后将葡萄糖或果糖水溶液注入测试器皿并密封注入口。太赫兹波谱测试系统如前所述,测试频段和频率分辨率分别为 0.1～4.0 THz 和 0.007 5 THz(0.25 cm^{-1});红外光谱测试系统为 VERTEX 70 光谱仪(德国 Bruker Optics 公司),测试频段和频率分辨率分别为 500～4 000 cm^{-1} 和 2 cm^{-1}。

8.4.1　葡萄糖水溶液的太赫兹波谱及红外特征吸收谱

固相葡萄糖和葡萄糖水溶液的太赫兹频段特征吸收谱如图 8 - 6 所示。可以看出,纯水在 0.1～4.0 THz 频段有 2 个明显的宽吸收带,其中心频率分别位于 1.68 THz 和 3.02 THz。葡萄糖水溶液在 0.1～4.0 THz 频段的吸收比纯水弱,而且随着葡萄糖浓度的增加反而吸收减小。Arikawa[24] 等也报道过类似现象,他们发现葡萄糖水溶液在 0.5～2.6 THz 频段的吸收随葡萄糖浓度增加而整体减小,并分析这种现象是由于葡萄糖浓度增加,更多的溶质分子与溶液中自由水分子通过氢键结合,造成溶液中自由水分子数目减小,进而导致溶液对太赫兹波的整体吸收减弱。除此之外,与纯水比较,葡萄糖水溶液在中心频率分别位于 1.68 THz 和 3.02 THz 附近的吸收谱带随着葡萄糖浓度的增加向更低频方向移动。已知固相葡萄糖分子分别在中心频率 1.42 THz、2.05 THz、2.51 THz、2.64 THz 及 2.91 THz 都呈现较强的特征吸收,这 5 个振动模式很可能对葡萄糖水溶液在该频段的特征吸收有贡献,从而造成葡萄糖水溶液在中心频率位于 1.68 THz 和 3.02 THz 附近的吸收谱带向低频方向移动。

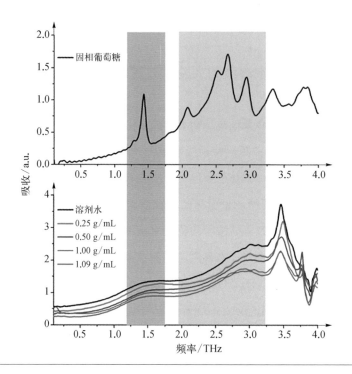

图 8-6
固相葡萄糖的太赫兹吸收谱(上);溶剂水和 4 种不同浓度葡萄糖水溶液(1.09 g/mL 为饱和浓度)的太赫兹吸收谱(下)

　　图 8-7 比较了固相葡萄糖和葡萄糖水溶液在 500~4 000 cm^{-1} 的特征吸收谱。由图 8-7(a)可见,在 950~1 200 cm^{-1} 频段,葡萄糖水溶液的中红外频段特征吸收谱中有 4 个纯水样品中没有显现的窄带吸收(中心频率分别位于 993.3 cm^{-1}、1 039.6 cm^{-1}、1 107.1 cm^{-1} 和 1 149.5 cm^{-1}),通过与固相葡萄糖的红外频段特征吸收谱比较可知,这 4 个中红外频段特征吸收峰分别对应于固相葡萄糖分子在中心频率分别位于 977.9 cm^{-1}、1 080.1 cm^{-1}、1 147.6 cm^{-1} 和 1 176.5 cm^{-1} 的特征吸收,都是由葡萄糖分子内振动模式产生的;在 1 200~1 430 cm^{-1} 频段,葡萄糖水溶液和纯水样品在中心频率分别位于 1 271.0 cm^{-1} 和 1 377.1 cm^{-1} 处均显现较宽的吸收带,而且葡萄糖水溶液的吸收比纯水强,表明葡萄糖水溶液中的水分子和葡萄糖分子对这 2 个吸收带都有贡献,而且这 2 处的特征吸收与固相葡萄糖分子在中心频率分别位于 1 265.2 cm^{-1} 和 1 338.5 cm^{-1} 的特征吸收带相符。如

图 8-7(b)所示,在 1 600~2 300 cm^{-1} 频段,葡萄糖水溶液在中心频率分别位于 1 652.9 cm^{-1} 和 2 137.0 cm^{-1} 的特征吸收随葡萄糖水溶液浓度增加而增强,而且中心频率位于 1 652.9 cm^{-1} 的特征吸收与固相葡萄糖分子中心频率位于 1 624.0 cm^{-1} 的特征吸收相对应,而葡萄糖分子受溶剂水的影响,在窄带 2 030.0 cm^{-1} 处的吸收展宽,形成了中心频率位于 2 137.0 cm^{-1} 的宽吸收带;此外,葡萄糖水溶液在 3 000~3 700 cm^{-1} 频段的宽吸收带主要来源于葡萄糖分子和水分子在该频段的强吸收贡献。

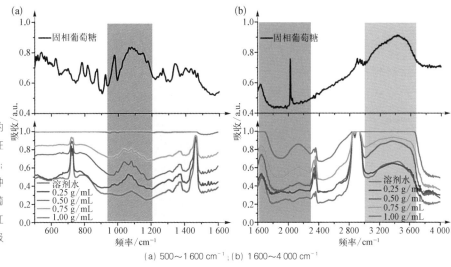

图 8-7
固相葡萄糖的红外波段特征吸收谱(上);溶剂水及 4 种不同浓度葡萄糖水溶液的红外波段特征吸收谱(下)

(a) 500~1 600 cm^{-1};(b) 1 600~4 000 cm^{-1}

综上所述,葡萄糖分子在液相(溶剂水)环境中的特征吸收峰相较于在固相环境的特征吸收峰会发生频移,而且固相葡萄糖的多个相邻的强特征吸收峰在液相环境测试时会形成较宽的吸收谱带。此外,鉴于葡萄糖的这些太赫兹频段以及红外频段特征吸收峰均来自葡萄糖的分子内和分子间振动模式,因而可推断液相环境改变了葡萄糖分子结构和分子间相互作用,从而导致葡萄糖分子在固相和液相环境中的特征吸收峰出现了较大差异。

8.4.2 果糖水溶液的太赫兹波谱及红外特征吸收谱

图 8-8 比较了果糖在 0.1~4.0 THz 频段的固相和液相环境(溶剂水)的

特征吸收谱。由图 8-8 可见,与纯水样品比较,实验测试果糖水溶液得到的太赫兹频段的吸收较弱,而且随着果糖浓度的增加反而吸收减弱。在 8.4.1 节的葡萄糖水溶液吸收谱中也观测到类似的现象,说明葡萄糖和果糖这类在水中溶解度较大的多羟基有机物容易与溶液中的水分子通过氢键结合,造成溶液中的自由水分子比例减少,从而导致溶液对太赫兹波的吸收随其浓度增加反而减弱的现象。此外,不难看出,与纯水的太赫兹吸收谱相比,果糖水溶液分别在中心频率为 1.68 THz 和 3.02 THz 附近的吸收带处存在一定的频移。因为固相果糖分子在中心频率分别位于 1.69 THz、2.43 THz、2.65 THz 和 2.95 THz 都显现较强的特征吸收,而且这 4 个振动模式很可能对果糖水溶液在太赫兹频段的吸收有贡献,从而导致果糖水溶液的吸收带发生一定的频移。

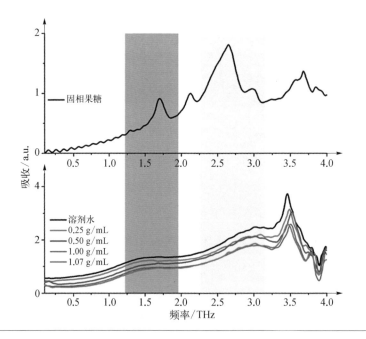

图 8-8
固相果糖的太赫兹吸收谱(上);溶剂水和 4 种不同浓度果糖水溶液(1.07 g/mL 为饱和浓度)的太赫兹吸收谱(下)

图 8-9 比较了果糖在 500～4 000 cm^{-1} 频段的固相和水溶液的特征吸收谱。由图 8-9(a)中的 950～1 200 cm^{-1} 频段可知,果糖水溶液吸收谱中包含 1 个纯水中没有观测到的吸收峰 979.8 cm^{-1} 和 1 个宽吸收带 1 064.7 cm^{-1},它们分别对

应固相果糖分子在中心频率分别位于 975.9 cm^{-1} 的吸收峰和 1 089.7 cm^{-1} 的宽吸收带(由多个分子内振动产生);在 1 200～1 430 cm^{-1} 频段,纯水和果糖水溶液都显现 3 个较宽的吸收带(中心频率分别位于 1 269.1 cm^{-1}、1 307.7 cm^{-1} 和 1 367.5 cm^{-1}),而且水溶液的吸收比纯水强,表明这 3 处的特征吸收是由果糖分子和水分子吸收共同产生的,此外这 3 处的吸收分别对应固相果糖分子在中心频率分别位于 1 265.2 cm^{-1}、1 338.5 cm^{-1} 和 1 400.3 cm^{-1} 处的特征吸收。在图 8-9(b)中的 1 600～2 300 cm^{-1} 频段,果糖水溶液在中心频率分别位于 1 647.1 cm^{-1} 和 2 127.4 cm^{-1} 的特征吸收随着果糖浓度的增大而增强,而且前者与固相果糖分子在中心频率位于 1 637.5 cm^{-1} 的特征吸收相符,而果糖分子在水溶液中受到溶剂水影响,中心频率位于 2 025.1 cm^{-1} 的窄吸收带展宽形成中心频率位于 2 127.4 cm^{-1} 的宽吸收带;在 3 000～3 700 cm^{-1} 频段,果糖水溶液的宽吸收带也与固相果糖分子的特征吸收相对应。

图 8-9
固相果糖的红外波段特征吸收谱(上);溶剂水及 4 种不同浓度果糖水溶液的红外波段特征吸收谱(下)

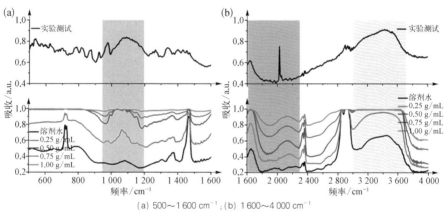

(a) 500～1 600 cm^{-1};(b) 1 600～4 000 cm^{-1}

综上所述,与葡萄糖分子一样,果糖分子在液相环境(溶剂水)的太赫兹频段特征吸收峰和红外频段特征吸收峰与固相比较也会发生一定的频移,而且固相环境中多个邻近的特征吸收峰在液相中也会形成较宽的吸收带。因此可推断,葡萄糖和果糖这类多羟基分子在液相环境中因为受到溶剂水分子的影响,其分子结构和分子间相互作用会发生变化,导致它们的固相和液相的太赫兹频段特征吸收峰以及红外频段特征吸收峰出现较大差异。

参考文献

［1］ Upadhya P C, Shen Y C, Davies A G, et al. Terahertz time-domain spectroscopy of glucose and uric acid［J］. Journal of Biological Physics, 2003, 29(2 - 3): 117 - 121.

［2］ Yang L M, Zhao K., Sun H Q, et al. THz absorption spectra of several carbohydrate derivatives［J］. Spectroscopy and Spectral Analysis, 2008, 28(5): 961 - 965.

［3］ Zheng Z P, Fan W H, Liang Y Q, et al. Application of terahertz spectroscopy and molecular modeling in isomers investigation: Glucose and fructose［J］. Optics Communications, 2012, 285(7): 1868 - 1871.

［4］ Walther M, Fischer B M, Jepsen P U. Noncovalent intermolecular forces in polycrystalline and amorphous saccharides in the far infrared［J］. The Journal of Chemical Physics, 2003, 288(2 - 3): 261 - 268.

［5］ Nishizawa J I, Sasaki T, Suto K, et al. THz transmittance measurements of nucleobases and related molecules in the 0. 4 - to 5. 8 - THz region using a GaP THz wave generator［J］. Optics Communications, 2005, 246(1 - 3): 229 - 239.

［6］ Fischer B M, Walther M, Jepsen P U. Far-infrared vibrational modes of DNA components studied by terahertz time-domain spectroscopy［J］. Physics in Medicine and Biology, 2002, 47(21): 3807 - 3814.

［7］ Kleine-Ostmann T, Wilk R, Rutz F, et al. Probing noncovalent interactions in biomolecular crystals with terahertz spectroscopy ［J］. ChemPhysChem, 2008, 9(4): 544 - 547.

［8］ Sakamoto T, Tanabe T, Sasaki T, et al. Chiral analysis of re-crystallized mixtures of D-, L-amino acid using terahertz spectroscopy［J］. Malaysian Journal of Chemistry, 2009, 11: 88 - 93.

［9］ Miyamaru F, Yamaguchi M, Tani M, et. al. THz-time-domain spectroscopy of amino acids in solid phase［J］. OSA Publishing, 2003: CMG3.

［10］ Shi Y L, Wang L. Collective vibrational spectra of α- and γ-glycine studied by terahertz and Raman spectroscopy［J］. Journal of Physics D, 2005, 38(19): 3741 - 3745.

［11］ Ueno Y, Ajito K. Analytical terahertz spectroscopy［J］. Analytical Sciences, 2008, 24(2): 185 - 192.

［12］ Pedersen J E, Keiding S R. THz time-domain spectroscopy of non-polar liquids［J］. IEEE Journal of Quantum Electronics, 1992, 28(10): 2518 - 2522.

［13］ Møller U, Cooke D G, Tanaka K, et al. Terahertz reflection spectroscopy of Debye relaxation in polar liquids［J］. Journal of the Optical Society of America B, 2009,

26(9)：A113 - A125.

[14]　Venables D S, Schmuttenmaer C A. Spectroscopy and dynamics of mixtures of water with acetone, acetonitrile, and methanol[J]. The Journal of Chemical Physics, 2000, 113(24)：11222 - 11236.

[15]　Motley T L, Korter T M. Terahertz spectroscopy and molecular modeling of 2-pyridone clusters[J]. Chemical Physics Letters, 2008, 464(4 - 6)：171 - 176.

[16]　Fedor A M, Allis D G, Korter T M. The terahertz spectrum and quantum chemical assignment of 2, 2'-bithiophene in cyclohexane[J]. Vibrational Spectroscopy, 2009, 49(2)：124 - 132.

[17]　Yu B L, Yang Y Y, Zeng F, et al. Reorientation of the H_2O cage studied by terahertz time-domain spectroscopy[J]. Applied Physics Letters, 2005, 86(6)：061912.

[18]　Heyden M, Bründermann E, Heugen U, et al. Long-range influence of carbohydrates on the solvation dynamics of waters—answers from terahertz absorption measurements and molecular modeling simulations[J]. Journal of the American Chemical Society, 2008, 130(17)：5773 - 5779.

[19]　Jepsen P U, Jensen J K, Møller U. Characterization of aqueous alcohol solutions in bottles with THz reflection spectroscopy[J]. Optics Express, 2008, 16 (13)：9318 - 9331.

[20]　Dutta P, Tominaga K. Terahertz time-domain spectroscopic study of the low-frequency spectra of nitrobenzene in alkanes[J]. Journal of Molecular Liquids, 2009, 147(1 - 2)：45 - 51.

[21]　Yamaguchi S, Tominaga K, Saitoc S. Intermolecular vibrational mode of the benzoic acid dimer in solution observed by terahertz time-domain spectroscopy[J]. Physical Chemistry Chemical Physics, 2011, 13(32)：14742 - 14749.

[22]　Max J J, Chapados C. Glucose and fructose hydrates in aqueous solution by IR spectroscopy[J]. The Journal of Physical Chemistry A, 2007, 111 (14)：2679 - 2689.

[23]　Nazarov M M, Shkurinov A P, Kuleshov E A, et al. Terahertz time-domain spectroscopy of biological tissues[J]. Quantum Electronics, 2008, 38(7)：647 - 654.

[24]　Arikawa T, Nagai M, Tanaka K. Characterizing hydration state in solution using terahertz time-domain attenuated total reflection spectroscopy[J]. Chemical Physics Letters, 2008, 457(1 - 3)：12 - 17.

[25]　Suhandy D, Suzuki T, Ogawa Y, et al. A quantitative study for determination of glucose concentration using attenuated total reflectance terahertz (ATR - THz) spectroscopy[J]. Engineering in Agriculture, Environment and Food, 2012, 5(3)：90 - 95.

[26]　Shiraga K, Suzuki T, Kondo N, et al. Quantitative characterization of hydration state and destructuring effect of monosaccharides and disaccharides on water hydrogen bond network[J]. Carbohydrate Research, 2015, 406：46 - 54.

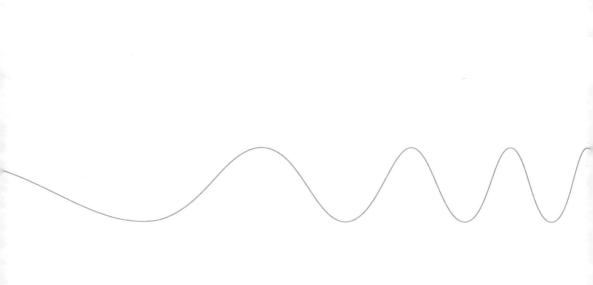

应用前景与挑战

太赫兹频段既是宏观经典理论向微观量子理论的过渡区，也是电子学向光子学的过渡区域。在太赫兹频段，不仅很多相对可见光和红外光不透明的材料是近似透明的，而且大多数生物战剂和爆炸物都具有明显的特征吸收峰。物质的太赫兹频段特征波谱包含了丰富的物理和化学信息，而且凝聚态物质的声子频率、大分子振动跃迁和转动跃迁的特征频谱均位于太赫兹频段，半导体材料中的载流子对太赫兹辐射响应也非常灵敏。

作为电磁波谱中最后一个有待人类进行深入研究的频率窗口，随着基于超短超强飞秒激光技术的宽频谱太赫兹辐射源和高灵敏相干探测技术的快速发展，太赫兹频段的研究不仅已形成与其他频段的有力互补，而且已成为探索物质结构、揭示物理化学过程的新手段。太赫兹波在时域波谱、扫描成像和雷达探测技术等方面的应用前景吸引了广大科研人员的关注，而宽频带太赫兹波谱技术及其应用研究显得尤为突出。太赫兹波良好的穿透性、与物质相互作用的非破坏性以及包含大量有机分子特征波谱信息等特点赋予了宽频带太赫兹波谱技术及其应用研究重要的科学意义和实际应用价值。

宽频带太赫兹波谱技术利用飞秒脉冲激光产生宽频带太赫兹辐射并实现极高灵敏度和高信噪比的相干探测，获得携带被检测样品的太赫兹频段时域透射或反射信息，进而经过快速傅里叶变换获得被检测样品的太赫兹频段波谱信息，包括太赫兹脉冲的相位和强度以及吸收系数、折射率和介电系数等物质样品的特征信息，是基于超短脉冲激光和太赫兹波特性开发的一种非常有效而且能够在室温稳定工作的新型非接触性无电离损伤探测技术，已发展成为当今太赫兹应用研究领域最前沿、最炙手可热的核心关键技术之一。

当前，基于飞秒激光技术的宽频带太赫兹波谱技术在医药、物理、材料和化学、生物等领域已显现出非常独特和重要的应用前景。在医药领域，大量有机分子在太赫兹频段显现"指纹谱"，这些"指纹信息"可应用于定性研究药品成分、定量研究药品含量以及区分辨识不同药品等；在物理领域，基于超短脉冲太赫兹波的脉冲宽度为皮秒量级的特点，不仅可以实现皮秒量级的"超快脉冲开关"，而且可以进行物质材料的超快动力学过程研究，例如电子碰撞和跃迁等；在材料和化学领域,物质在太赫兹频段的特征波谱对其分子结构以及周围环境的变化非常敏感,可用于分析研究分子微观结构和物化性质等;在生物领域,太赫兹波谱技术可用于生化试剂探测和 DNA、蛋白质、氨基酸以及酶特性的分析研究,实现无标记探测。目前,美国、英国、日本等国家已经相继研发出商用的太赫兹波时域光谱仪,这些仪器在科学研究、工业生产以及食品和药品安全检测等领域都具有非常重要的应用前景。

鉴于物质材料在太赫兹频段的特征跃迁谱包含非常丰富的物理和化学信息,对于探索物质结构和鉴别物质化学成分具有重要意义,国内外越来越多的科研机构和高新企业纷纷开展相关研究工作。国外代表性的课题组包括美国的 Korter 课题组、英国的 Taday 和 Davies 课题组、日本的 Yamamoto 课题组及丹麦的 Jepsen 课题组等;在国内,中国科学院西安光学精密机械研究所、首都师范大学、浙江大学和电子科技大学等研究所和高校都有课题组主要从事物质在太赫兹频段的特征波谱研究。

然而,目前对物质太赫兹波谱的研究报道很多着重于实验测试,或者主要基于单分子数值模拟(主要涉及物质的分子内相互作用)以部分解析物质的太赫兹频段特征吸收峰起源。为了促进太赫兹特征波谱技术的应用推广,迫切需要完整解析实验测试获得的所有太赫兹频段特征吸收峰来源,因此进行更完善的理论模拟计算和太赫兹频段特征波谱再现匹配非常重要。现阶段用于物质太赫兹频段波谱解析的理论方法不少,主要分为两类:从头算理论(包括哈特里-福克理论和二阶 Møller-Plesset 理论)和密度泛函理论(包括半经验和非经验理论)。但这些理论方法在模型建立时都引入了不同的近似,很难识别和准确把握它们的具体适用范围。因此,还需要大量深入细致的研究工作以探究这些理论方法针对不同体系物质样品振动模式计算模拟的适用性。

此外,太赫兹波谱技术因为太赫兹波具有低能性、穿透性及高光谱特性等独特优势,虽然已经开始在物质识别、毒品与爆炸物检测、医学疾病诊断和工业质量控制等应用方面崭露头角,但在现实应用中,利用太赫兹波谱技术进行物质太赫兹频段特征波谱研究时仍面临一些具体问题。例如:缺少物质材料在太赫兹频段的特征波谱数据积累以及对特征波谱数据分析存在一定偏差,而且由于环境因素(主要涉及样品制备与测试过程、空气中的水汽、环境温度、样品分子与周围环境的相互作用等)对实际测试获得的物质太赫兹频段特征波谱均可能造成一定程度的影响。因此,当前的太赫兹波谱技术尚需进一步深入研究和完善,包括以下三个方面。

(1)改进实验测试装置。这是太赫兹波谱技术工业化实际应用的必备前提条件之一。在实际应用过程中,固、液、气相测试对象都可能存在,而且实验测试要求快速准确、重复性好。因此,需要针对不同类型的被检测样品形态而设计不同环境状态下都能够快速投入实验测试的样品测试装置。

(2)提高量化计算能力。量化计算是解析物质太赫兹频段特征波谱行之有效的一种途径。提高量化模拟计算能力,不但可以更精准地对实验测试获得的太赫兹频段特征吸收峰进行微观解析,而且也能够促进太赫兹波谱技术在生物医学领域的进一步实际应用。

(3)拓展太赫兹波谱技术研究领域,使科学研究与技术开发更贴近日常民生生活与实际应用。测试研究对象由固相有机分子逐步扩展到液相的医药材料乃至生物活细胞和生物活性组织,实现实时的"活体诊断"和"术中诊疗"。

索
引

A

氨基酸　79—82,90,91,95,100,101,
　154,211,230

B

半高全宽　41,100,144

半胱氨酸　33,80—82

半经验方法　57,65

半经验理论　58

半绝缘砷化镓　16

胞嘧啶　32,105,107—110,112—116

苯环　4,91—93,98,131,135,137—
　139,170,171,202,204

苯甲酸　33,110,189,191—195,209,
　212—217

苯甲酸钠　191—195,209,212—217

苯丙氨酸　77,79,81,82,90—95,
　100,101,103

本征载流子浓度　15,16

泵浦光　31,36,39—41

表面等离极化激元　28,29

吡啶环　4

丙氨酸　32,77,80—91,100,101

波片　30

波函数　22,55—61,64,68—73

波恩-奥本海默近似　12

玻色子　24

布里渊区　15,156,176,197

布拉格散射　22

布洛赫定理　57,71

B3LYP 泛函　65,74,99,125,136,
　138,197,218

B3PW91 泛函　67

C

超表面　21

超半球形透镜　26

超短脉冲激光　5,6,9,10,35,229

超软赝势　73

衬底透镜　26

弛豫时间　18,32,212

穿透深度　17,19

从头算方法　57,65

98,99,114,115,122,128,129,131,
134,138,154,158,160,163,168,
170,194,195,197,200,201,203,
204,218,220,223

分子间振动　33,83,84,94,99,115,
122,158,160,163,186,195,200,
201,203,221

分子振动光谱　4

分子力学方法　55,56

酚羟基　95

负折射率　19,20

复介电常数　18

傅里叶变换红外光谱　34,35

G

高密度聚乙烯　12—14,84,112,
124,173

高斯型基组　197

高阻硅　14,15,26,27

甘氨酸　32,79—81

官能团位置异构　153

官能团异构　121,153,155

光电导天线　15,16,26,27,36,37,
84,111,124,192

光子晶体　22—25

光子带隙　22,23,25

光学延迟　36

光线追迹法　26

光抽运-太赫兹波探测　38

广义梯度近似理论　64

胱氨酸　80

谷氨酸　80—82

瓜氨酸　80

果糖　32,119,121—125,132—140,
154,209,212,217—219,222,223

构造异构　153

H

哈密顿函数　11,12

哈密顿算子　56,58

哈特里-福克理论　58,230

哈特里假设　58

毫米波　5

核磁共振谱　3

核糖核酸　107

红外光谱　3,4,113,124,163,219

红外吸收光谱　3,4,7

红移　32,121

环己烷　33,211—217

J

基组　68—72,74,75,86,97,107,
110,125,156,164,192,197,214

基组函数　68

量化计算　49,70,74,75,212,231

量子力学　3,55—59

量子化学计算方法　56,59,60

亮氨酸　79,81

邻苯二酚　34,154—160,163—171

罗特汉方程　59

酪氨酸　77,80—82,91,95—101

洛伦兹线型　115

M

麻黄素　33

麦克斯韦方程　11,25

密度泛函　33,57,58,62—64,67,74,
92,93,109,110,116,125,127,139,
144,146,154—156,163,164,167,
168,170,176,177,196,197,200,
214,216,218,219,230

密度泛函赝波理论　33,122

弥散基组　70

面内摇摆　7

面外摇摆　7

模守恒赝势　72,110

N

内层电子跃迁　3

能量最低原理　56

铌酸锂晶体　39,40

凝聚态物质　6,55,229

凝聚体材料　10,11

鸟嘌呤　32,107,108

扭曲振动　7,113

O

偶极矩　14

偶极天线　111

欧姆损耗　22

P

泡利原理　58,99

劈裂价键基组　69,70,73

平动　6,10,35,89,115,116,128,
129,135,136,154,160,162,166,
183,185,186,194

葡萄糖　32,33,83,119,121—133,
139,140,142,144—148,154,209,
212,217—223

PBE 泛函　65,67,68,74,127,129,
131—133,136,139,161,177—185

PW91 泛函　65,67,68,74,127,129,
131—133, 136, 138, 139, 177—
186,197

88—90,93,94,97,99—101,109,
110,113,121—125,129,132,134,
136,139—142,144—146,148,154,
156—166,170—176,182,184,185,
191—200, 202, 204, 211—219,
221—224,229—231

太赫兹空隙　5,9

太赫兹辐射　4—6,8,9,26,41,
48,229

T射线　5

太赫兹波时域光谱仪　35—37,195,
197,200,230

太赫兹波时域波谱　31,32,34,35,
51,53,191

太赫兹波时间分辨光谱　38,39

太赫兹声子极化激元波　39,40

太赫兹波发射光谱　40,41

太赫兹波谱分析　49,105,140

探测光　31,39,40,111,124

碳链异构　153

特征吸收谱　4,7,10,15,32,75,81,
82,91,94,96,97,99—101,109,
112,113,121—125,130,134,136,
139—142, 144—146, 154, 156,
158—167,170,171,173—175,182,
184,185,191—200,202,204,211—
216,218—223

特征跃迁谱　6,230

特征吸收频率　4,8,92

天冬氨酸　80,81

同分异构体　31—34,81,121—123,
140,151,153—158,171,172,175,
177, 181, 185, 191, 204, 213,
217,218

透射　11,19,29,31,35,37,51—53,
124,229

透射系数　52,53

脱氧核糖核酸　107

W

完美吸收　19

弯曲振动　7,8,158

外层电子跃迁　3

微波　3—5,9,12,20,23

无定形态　32,121

无水葡萄糖　124,140—145,147,148

X

X射线　3,5,10,84

X射线衍射　84,85,92,95,97,110,
125,132,142,146,158,164,165,
192,194

相干取样　10

相干测量　31,34,109

相位延迟　30